ChatGPT4 實戰應用

GPT-4o / GPTs / Customize GPT / Cursor AI / Chat AI / Chat BI

PREFACE

序

在這個數位化快速發展的時代，人工智慧的影響已經深刻改變了我們的生活，特別是語言模型如 ChatGPT 的誕生，徹底革新了我們與資訊互動的方式。如今，我們正邁入一個全新的時代——後 ChatGPT 時代。這個時代不僅帶來了科技飛躍，更讓我們每個人都能借助這些工具，提升自身能力，並在職場與生活中脫穎而出。

撰寫這本書的初衷，是希望能幫助讀者透過學習與應用 ChatGPT 的技巧，適應這個變遷迅速的時代。AI 並不會取代人類，真正會被取代的，是那些無法掌握 AI 賦能的人。無論你是技術新手，還是已在職場深耕多年的專業人士，本書將透過實際案例與操作指南，帶領你了解如何利用 AI 提升競爭力，確保你在職場中保持領先地位。

為了讓讀者能夠更有效率地學習與應用，本書的一大特色是將所有的應用範例與提示詞都電子化，讓您快速地利用我們提供的讀者資源索引，直接將範例複製貼上 ChatGPT，立即實作並理解，從而加速學習的進程。這種即學即用的方式，將帶給你前所未有的便利。

除了語言技術的應用，本書也將介紹人工智慧在圖像理解領域的廣泛應用。圖像理解已經成為現代工作環境中的核心技能，無論是在創意設計還是數據分析，能夠快速且準確地解析圖像訊息，已經成為提升效率與創造力的關鍵。本書將展示如何結合 ChatGPT 的圖像理解能力，運用這項技術解決實際問題，從將美食圖片轉化為食譜，到自動生成程式碼，再到從圖像中提取文字，這些場景展現了 AI 技術在工作中的無限潛力。

書中包含了多個實際範例，詳細說明了如何運用 ChatGPT 於圖像理解與數據分析，並展示其在商業智能（BI）領域的強大應用場景。不論你是創業者、設計師、分析師，或是一般使用者，都能從這些範例中學習如何善用 AI 解決實際問題，提升工作效率。

我希望這本書能成為每位讀者在後 ChatGPT 時代中的明燈，幫助你輕鬆掌握人工智慧的核心技術，並激發你無限的創意。在這個數據驅動的時代，擁有圖像理解與數據分析的技能，將是你在工作與生活中取得成功的重要資產。讓我們一起迎接這個充滿挑戰與機會的時代，不僅跟隨技術浪潮，更要駕馭它，成為未來的領導者。

感謝你選擇本書，讓我們一起展開這段充滿創意與效率的探索之旅！如果你希望獲得更多應用與技術的分享，誠摯邀請你訂閱我的 YouTube 頻道「龍龍 AI 與程式實戰」。我們的宗旨是「一起學習，創造美好人生與未來」。在那裡，你將發現豐富的 ChatGPT 影音資源，以及最新的 AI、大語言模型和生成式 AI 的實戰應用。我會持續分享最新的技術資訊、實用的操作祕訣，並示範如何在日常生活和工作中靈活運用這些強大的工具。

讓我們在這個充滿挑戰與機會的時代，攜手學習、互相支持，共同引領未來的科技潮流！期待在頻道上與你相見，一起開創屬於我們的美好未來！

「龍龍 AI 與程式實戰」YouTube 頻道

https://www.youtube.com/@changlunglung

張成龍

版權聲明

CONTENTS

CHAPTER 1 準備開始，迎接後 ChatGPT 時代

1.1 為什麼要學會使用 ChatGPT ？ 1-02

1.1.1 與 AI 與 NLP 的崛起 1-02

1.1.2 ChatGPT 帶來的競爭優勢 1-02

1.1.3 ChatGPT 的應用場景 1-02

1.1.4 成功案例分析 1-03

1.2 ChatGPT 能力大盤點 1-04

1.3 註冊 ChatGPT 1-07

1.4 ChatGPT 操作環境簡介 1-10

1.4.1 使用介面概覽 1-10

1.4.2 如何進行對話 1-13

1.4.3 模型切換 1-14

1.4.4 常用快捷鍵和操作技巧 1-14

1.5 初步體驗：從錯誤中學習提問的關鍵 1-15

1.5.1 範例一：提問不具體導致的模糊回應 1-15

1.5.2 範例二：提問缺乏上下文導致的誤解 1-16

1.5.3 範例三：提問中包含多重問題導致的混亂回應 1-17

1.5.4 小結 1-18

1.6 提問心法：掌握超越一般使用者的祕訣 1-18

1.6.1 具體化問題 1-18

1.6.2 使用背景資訊 1-19

1.6.3 避免含糊詞語 1-19

1.6.4 單一主題專注 1-19

1.6.5 角色與語調設定 1-20

1.6.6 實際操作練習 1-20

1.6.7 小結 1-21

1.7 CRISPE 提示框架：系統化打造高效提示詞的實用指南 1-22

從 28 個精選 AI 應用案例中尋找靈感

2.1 編程與開發 2-03
2.1.1 Python 到自然語言 2-03
2.1.2 計算時間複雜度 2-04
2.1.3 SQL 請求 2-05
2.1.4 JavaScript 到 Python 2-06
2.1.5 Python 錯誤修復程序 2-07
2.1.6 JavaScript 助手聊天機器人 2-08
2.1.7 解釋程式碼 2-08
2.1.8 命令文本 2-09
2.2 數據處理與分析 2-10
2.2.1 解析非結構化數據 2-10
2.2.2 電子表格創建者 2-11
2.2.3 高級推文分類器 2-12
2.2.4 關鍵字 2-12
2.2.5 提取聯繫訊息 2-13
2.2.6 分類 2-14
2.3 學術與寫作輔導 2-15
2.3.1 給二年級學生總結 2-15
2.3.2 論文大綱 2-16
2.3.3 創建學習筆記 2-16
2.3.4 總結說明 2-17
2.3.5 語法修正 2-18
2.3.6 面試題 2-18

2.4 英語到其他語言 2-19
2.5 創意與內容生成 2-20
2.5.1 產品說明中的廣告 2-20
2.5.2 產品名稱產生器 2-20
2.5.3 心情變色 2-21
2.5.4 餐廳評論創建者 2-21
2.5.5 電影到表情符號 2-22
2.5.6 微型恐怖故事創作者 2-22
2.6 機器學習與 AI 應用 2-23
2.6.1 ML/AI 語言模型導師 2-23
2.7 結語 2-24

3 CHAPTER 將免費 ChatGPT 運用到極致

3.1 語法修正：提升各種場景的語法精準度 3-01
3.2 文章整理：提升文章整理效率和品質 3-04
3.3 專業的面試題：提升招聘效率，精準評估應聘者能力 3-08
3.4 撰寫職缺內容：撰寫出色的職缺描述，以吸引各領域的優秀人才 3-09
3.5 重點摘要：提升訊息處理效率的技巧 3-10
3.6 加速學習新知：迅速掌握新的領域或主題 3-13
3.7 市場比較分析：快速獲得有關市場趨勢，提升你的市場洞察力 .. 3-15
3.8 進行複雜的數學運算：同時理解數學概念和步驟 3-17
3.9 客服案件回覆：更有效地處理客戶查詢和問題 3-19
3.10 祕書與行政小幫手 3-20
3.11 文字魔法—隔空取物 3-22
3.12 文字魔法—文章 / 會議紀錄總結 3-24

3.13 解釋任何你想知道的事 3-25
3.14 創意發想 3-27
3.15 一口氣將 Excel 多 Sheet 資料拋轉資料庫 3-29
3.16 創意商務計畫，開拓全新商機視野 3-31
3.17 協助事業計畫擬定 3-33
3.18 教學文件產生不求人 3-36
3.19 時間管理應用 3-37
3.20 腦洞大開，應用各種管理模型解決問題 3-39
3.21 一招半式打天下：含金量最高的一句提詞 3-42
3.22 結語 3-43

4 CHAPTER 圖像生成應用實際操演

4.1 能力探索 4-01
4.1.1 以說故事的方式，創作更細緻的圖片 4-02
4.1.2 視覺敘事應用：台灣小龍女求職記 4-03
4.1.3 創作電影海報 4-05
4.1.4 角色設計 4-06
4.1.5 創造詩意版畫 4-07
4.1.6 紀念幣設計 4-08
4.1.7 照片轉漫畫 4-09
4.1.8 文字轉字體 4-10
4.1.9 3D 物件合成 4-10
4.1.10 品牌造型設計：杯墊上的標誌 4-11
4.1.11 多線渲染 4-12
4.1.12 立方體堆疊圖 4-13

4.2 快速入門，10 個必學技巧，釋放你的創作潛力 4-14
4.2.1 使用種子（seed number） 4-14
4.2.2 產生相似的圖片 4-16
4.2.3 讓圖片能寫入文字 4-17
4.2.4 隨時調整圖片長寬比 4-18
4.2.5 請盡可能的將描述明確寫出來 4-19
4.2.6 使用生動的形容詞 4-20
4.2.7 指定影像類型 4-20
4.2.8 指定燈光和氣氛 4-22
4.2.9 使用視角 4-22
4.2.10 包括季節或時間元素 4-23
4.3 七個進階圖像生成與處理案例 4-24
4.3.1 為你的圖像加上文字 4-24
4.3.2 產生某個意象的 ICON 4-25
4.3.3 文字 Logo 的設計 4-26
4.3.4 多張圖片合併創意處理 4-27
4.3.5 創造連續四格有關係的圖像 4-28
4.3.6 生成特色對話框 4-30
4.3.7 持續修改前一張圖片，或調用之前的圖片進行修改 4-32
4.4 製作高品質人物圖像的必備技巧 4-33
4.4.1 生成真實美麗的女性形象 4-34
4.4.2 創造不同情境和背景下的角色 4-35
4.4.3 配上通用提示詞模板，去尋找你心目中的女神吧！ 4-40
4.4.4 創造各國 AI 美女 4-43
4.5 專業級圖像生成模板 4-45
4.6 大師級圖像生成模板 4-51
4.7 結語 4-53

5 CHAPTER ChatGPT 圖像理解實際操演

5.1 從菜餚生成食譜 5-01
5.2 將 UI 設計轉換為前端程式碼 5-04
5.3 從圖像中提取文本 5-07
5.4 解析股票技術線圖 5-09
5.5 幫你讀懂統計圖表 5-10
5.6 當你的福爾摩斯進行圖像的推理 5-12
5.7 理解時尚，提供穿搭建議 5-14
5.8 解圖成詩 5-17
5.9 解讀地理環境背後的歷史 5-18
5.10 解讀任何物件的背景資訊 5-20
5.11 結語 5-21

6 CHAPTER ChatGPT 數據分析新體驗——Chat BI 實際操演

6.1 零代碼數據分析時代來臨，你準備好 Chat BI 了嗎？........ 6-02
6.2 資料分析流程說明 6-04
6.3 小試身手，開始進行基本數據分析 6-07
6.3.1 解鎖無限創意：數據生成 6-07
6.3.2 超越 Excel 能力：打造定制數據 6-09
6.3.3 數據驅動分析：自動分析與進行預測 6-11
6.4 創造數據的價值：房地產資訊加值利用 6-16
6.5 一道指令輕鬆完成專業的銷售分析與報告 6-22
6.6 公司財報分析，這樣用才專業 6-29
6.7 獨家！設備維護保養分析 6-35

7 CHAPTER 全民機器學習 Chat AI、Cursor AI 實際操演

7.1 Chat AI，程式小白的救星！ 7-01

7.2 鋼材價格預測 7-04

7.3 波士頓房價預測.................................... 7-11

7.4 程式開發界的 ChatGPT —— 利用 Cursor AI 快速開發應用程式 . 7-17

8 CHAPTER GPTs 介紹與案例實作

8.1 GPTs 商城介紹 8-02

8.1.1 GPTs 的應用案例 8-02

8.1.2 使用情境說明 8-03

8.1.3 如何進入 GPTs 與操作介面說明 8-04

8.2 最優質的流程圖 GPT（一）：
異想天開的圖表 Whimsical Diagrams.................................... 8-06

8.3 最優質的可視化 GPT（二）：
Diagrams ‹Show Me› 8-14

8.4 補足 ChatGPT 短版的 GPT：Wolfram 科學計算的領先者 8-20

8.5 助你輕鬆完成論文的 2 個 GPT.................................... 8-28

8.6 教你打造專屬 GPT：台北房地產諮詢專家 8-34

8.7 教你打造專屬 GPT：企業級知識庫 8-42

8.8 結語 8-48

下載說明

本書相關資源請至 http://books.gotop.com.tw/download/ACV047300 下載。

CHAPTER 1

準備開始，迎接後 ChatGPT 時代

在當今科技飛速發展的時代，我們正處於一個前所未有的變革之中。人工智慧（AI）不再只是科幻小說中的遙遠概念，而是已經切實地改變了我們的生活與工作方式。ChatGPT 作為 AI 領域的佼佼者，正在重新定義人機交互的未來，無論是提升生產力還是革新決策過程，ChatGPT 都在各行各業中扮演著越來越重要的角色。這不僅是技術的進步，更是一場關於如何充分利用這些工具來增強我們能力的革命。

在後 GPT 時代，人們常說「AI 不會取代你，取代你的是會運用 AI 的人」。因此，成為那個「賦能 AI」的人最快的途徑就是掌握如 ChatGPT 這樣的 AI 工具。ChatGPT 的出現為每個人提供了一個難得的機遇 —— 無論背景如何，這都是一個能夠彎道超車的時刻。

當 ChatGPT 初次爆紅時，許多人仍抱持懷疑態度，但作者已經率先訂閱並投入實踐。本書匯集了近兩年的使用經驗與實際案例，精心整理了許多可行的操作成果。想要成為 ChatGPT 的進階使用者，或在工作中真正派得上用場，唯有親自實踐並不斷操練。當然，也有更高效的學習路徑，那就是多參考案例，即使不深入了解每一細節，僅知道這些應用方法便已足夠。

或許在某天工作中遇到難題時，你會突然想起曾經在這本書中看到過類似的解決方案。那時，你就可以迅速翻閱，找到相應的主題，按照書中的步驟結合實際情況解決問題。隨著時間推移，這些知識將會內化，成為你與生俱來的一部分能力，讓你成為真正能夠賦能 AI 的人。這種技能不僅能讓你在目

前的工作中更加游刃有餘，還能讓你充滿信心地迎接後 GPT 時代的到來。

本章將帶領你踏上學習和掌握 ChatGPT 的旅程，不僅讓你跟隨技術浪潮，更讓你駕馭它，從中獲得最大化的價值。

1.1 為什麼要學會使用 ChatGPT？

在現代社會，人工智慧（AI）已經成為推動技術創新和經濟增長的核心力量，而自然語言處理（NLP）作為 AI 的一個分支，則在許多領域中扮演著越來越重要的角色。ChatGPT，作為一種基於深度學習的語言模型，正在改變人們與技術互動的方式，並對各行各業產生深遠的影響。

1.1.1 AI 與 NLP 的崛起

隨著計算能力的飛速提升和大數據的普及，AI 技術的應用範圍日益廣泛，從醫療診斷到金融分析，無處不在。而 NLP 作為 AI 的核心技術之一，讓機器能夠理解和生成人類語言，這不僅使得人機交互變得更加自然，也使得 AI 能夠勝任更多需要語言處理的複雜任務。

1.1.2 ChatGPT 帶來的競爭優勢

學會利用 ChatGPT，不僅是跟上技術發展的趨勢，更是獲取競爭優勢的關鍵。對個人來說，掌握這項技能意味著可以更高效地完成工作，提升職場競爭力；對企業而言，善用 ChatGPT 能夠優化運營流程、提升服務品質，並在市場中占據更有利的位置。

1.1.3 ChatGPT 的應用場景

ChatGPT 作為 NLP 技術的代表性成果，其應用場景非常廣泛，以下是幾個具體的應用示例：

1. **提高生產力**：在企業環境中，ChatGPT 可以自動生成文案、撰寫報告、回覆客戶郵件等，這些都大幅度減少了員工的重複性工作量，使他們能夠專注於更具創意和戰略性的任務。舉例來說，一家科技公司透過使用 ChatGPT 來自動撰寫技術文檔，成功將文檔生成時間縮短了 50% 以上。

2. **自動化簡單任務**：客服是許多企業的重要組成部分，而 ChatGPT 可以透過自動回覆常見問題來提高客服效率，降低人工成本。例如，一家電子商務公司利用 ChatGPT 來處理訂單查詢和退換貨問題，顧客的滿意度顯著提高，並且大大減少了人工客服的負擔。

3. **輔助決策**：在決策過程中，ChatGPT 可以透過快速整理和分析大量數據來提供見解，幫助管理者做出更加明智的決策。一家金融服務公司使用 ChatGPT 來分析市場趨勢並生成投資建議，這樣的應用不僅節省了時間，還增加了決策的精確性。

4. **減少人力成本**：紐約時報報導，高盛、摩根士丹利 (Morgan Stanley) 等銀行高層正在辯論人工智慧 (AI) 工具可以讓他們削減多少新進分析師人數。包括新進投資銀行分析師聘僱人數縮減三分之二。AI 可以取代或填補整個產業近四分之三銀行員工的工作時間。

1.1.4 成功案例分析

為了更好地理解 ChatGPT 的潛力，以下是一些成功應用的實際案例：

- **金融服務**：金融科技公司將 ChatGPT 應用於其客戶支持系統，實現 24/7 全天候的自動化客服，能即時回應用戶查詢並提供財務建議。這不僅減少了客服人員的工作負擔，也提高了客戶滿意度，並且透過分析客戶反饋數據進一步優化服務品質。

- **電子商務**：大型電商平台利用 ChatGPT 來進行商品推薦和個性化營銷。該平台能根據用戶的瀏覽歷史和購買偏好，生成精準的推薦內容和推廣活動，顯著提升了銷售轉化率，同時減少了客戶流失率。

- **法律行業**：律師事務所將 ChatGPT 應用於法律文件的自動生成與審查，快速完成合同草擬和條款檢查的工作。這不僅加速了法律服務的交付速度，還減少了人工錯誤，提高了案件處理的效率，使律師能夠專注於更具策略性的工作。

- **教育行業**：線上教育平台利用 ChatGPT 來自動生成個性化學習內容，根據學生的學習進度和興趣調整課程，大大提高了學生的學習效果和平台的用戶忠誠度。

- **健康管理**：健康管理公司將 ChatGPT 整合到其健康應用中，用於自動回覆用戶的健康問題並提供飲食建議，顯著提升了用戶體驗並減少了人工健康顧問的工作量。

- **創意產業**：在廣告創意和文案撰寫中，廣告公司使用 ChatGPT 來生成多樣化的創意文案，快速響應客戶需求，從而在競爭激烈的市場中脫穎而出。

1.2 ChatGPT 能力大盤點

在快速發展的數位時代，ChatGPT 憑藉其強大的自然語言處理能力，成為眾多領域中不可或缺的工具。本節將帶領讀者深入了解 ChatGPT 的多樣化功能，以及這些功能在實際應用中的潛力。

1 文本生成

ChatGPT 最為人熟知的功能之一便是文本生成。無論是撰寫文章、生成報告，還是創建各類文案，ChatGPT 都能夠根據用戶的需求自動生成高品質的文本內容。

應用範例 內容營銷公司利用 ChatGPT 來快速生成博客文章，透過提供關鍵詞和主題，ChatGPT 能夠自動生成一篇結構清晰、內容豐富的文章，大幅減少了人工撰寫的時間。

2 翻譯

借助其強大的語言處理能力，ChatGPT 能夠進行多語言翻譯。這不僅僅是將單詞從一種語言轉換到另一種語言，而是能夠理解上下文並生成自然流暢的翻譯內容。

應用範例 一家公司在開展國際業務時，使用 ChatGPT 進行文件的多語言翻譯，尤其在處理大量技術文件時，ChatGPT 能夠快速而準確地將技術語言轉換為多種語言，支持全球業務拓展。

3 總結

ChatGPT 具有將長篇文章或大量資訊濃縮為簡短摘要的能力，這在訊息過載的時代顯得尤為重要。它能夠迅速提取關鍵資訊，生成簡明的總結，幫助用戶快速掌握要點。

應用範例 新聞媒體利用 ChatGPT 來總結每日的新聞動態，為讀者提供簡短的新聞摘要，讀者可以在短時間內快速了解當天的重要新聞事件。

4 創意寫作

ChatGPT 不僅僅擅長於標準化的文本生成，它在創意寫作方面也展現出卓越的能力。無論是小說寫作、劇本創作，還是廣告文案的創意構思，ChatGPT 都能夠提供靈感和實際的創作支持。

應用範例 作家使用 ChatGPT 來協助完成其小說的創作，ChatGPT 提供了多種情節發展的可能性，幫助作家突破創作瓶頸，完成了原本難以完成的段落。

5 資料分析

ChatGPT 在文本分析方面的能力也不容小覷。它可以用來分析大量文本數據，識別模式、提取重要訊息，並生成有價值的分析結果。這對於需要處理大量數據的行業而言尤為重要。

應用範例 市場研究公司使用 ChatGPT 來分析社交媒體上的用戶反饋，ChatGPT 能夠自動分類和總結大量的評論，幫助公司快速掌握市場趨勢和用戶需求。

6 圖像理解

除了強大的文本處理能力，ChatGPT 還具備一定的圖像理解能力，能夠根據圖像內容進行推理、描述、標籤、以及相關訊息的提取。這種能力在圖像資料的分析與處理方面展現出巨大的潛力。

應用範例 電商平台利用 ChatGPT 來分析產品圖片，為每張圖片自動生成精準的描述和標籤，這不僅提高了產品搜索的準確性，也增強了用戶的購物體驗。

7 圖像生成

ChatGPT 的另一大突破是在圖像生成方面，ChatGPT 能夠根據文本描述生成相應的圖像。這項功能在設計、廣告創作等領域具有廣泛的應用前景。

應用範例 廣告公司使用 ChatGPT 來根據客戶的要求生成廣告圖片。客戶只需提供簡單的文字描述，ChatGPT 即可生成多樣化且高品質的廣告圖像，幫助公司快速響應市場需求並提高創意產出的效率。

8 綜合能力應用

ChatGPT 的多功能性不僅限於單一領域，它還能夠將文本生成、翻譯、圖像理解與生成等功能結合起來，提供全方位的解決方案。這種跨領域的能力為複雜問題的解決提供了新的可能性。

應用範例 多媒體公司將 ChatGPT 應用於影片製作過程中，該公司利用 ChatGPT 來撰寫腳本，生成影片字幕，並且根據腳本生成場景設計的草圖，實現了從創意到成品的一站式服務，顯著提高了生產效率。

9 進階能力預覽

除了上述的核心功能，ChatGPT 還具備一些進階能力，如定制化 GPT 模型，這功能後面會單獨介紹。用戶可以根據自己的需求定制 ChatGPT 模型，無論是專門針對某一行業的用語還是某些特定的應用場景，定制化模型能夠更好地滿足專業需求。

總結來說，ChatGPT 憑藉其強大的多樣化功能，成為了各行各業中提升生產力、促進創新和改進決策的重要工具。透過深入了解並善用這些功能，讀者將能夠更好地掌握這一強大技術，並將其應用於實際工作中，為個人和企業創造更大的價值。

1.3 註冊 ChatGPT

在開始使用 ChatGPT 之前，首先需要註冊一個帳號。本節將詳細介紹註冊的每個步驟，包括如何訪問 OpenAI 網站、選擇適合的訂閱計劃，以及完成帳戶設置。建議初期使用免費帳號即可，因為本書中的所有操作（除了自訂 GPT 外）都可以在免費註冊登入後進行，只是可能會受到使用次數和速度較慢的限制。

01 STEP 開啟網絡瀏覽器並進入 OpenAI 的官方網站 https://chatgpt.com/ 後，點擊頁面上的「註冊」按鈕進入註冊流程。

02 STEP 您可以輸入電子郵件地址進行註冊，這裡建議選擇畫面下方的使用 Google 繼續，再選擇您的 Google 帳戶，就可以快速完成註冊流程。

建立帳戶

電子郵件地址*

繼續

已擁有帳戶？ 登入

或

使用 Google 繼續

使用 Microsoft 帳戶繼續

使用 Apple 帳戶繼續

03 STEP 選擇訂閱計畫。帳戶開通後，您可以根據需求選擇適合的訂閱計劃。目前有個人版和商務版兩種選項。初期建議您暫時不進行訂閱，如果確實需要訂閱且是個人使用，選擇個人版即可。點擊畫面左下方的「升級方案」，即可進入訂閱流程，並查看各方案的詳細功能說明。

到這裡，您的 ChatGPT 帳戶便已準備就緒。您可以隨時登錄並開始使用 ChatGPT 來完成各種任務。

NOTE

簡單來說，免費版已提供大多數功能，僅在自訂 GPT 功能和使用次數上有一定限制。讀者可能會問，如果免費版已經具備這些功能，爲什麼還需要升級呢？根據作者的實際操作經驗，升級後的好處在於 ChatGPT 的回覆速度會顯著加快，此外還能創建屬於自己的 GPT 功能，以較低的花費使用全球最頂尖的 AI，打造個人的知識庫查詢系統。此外，升級後還可享有更多進階模型的提問次數。

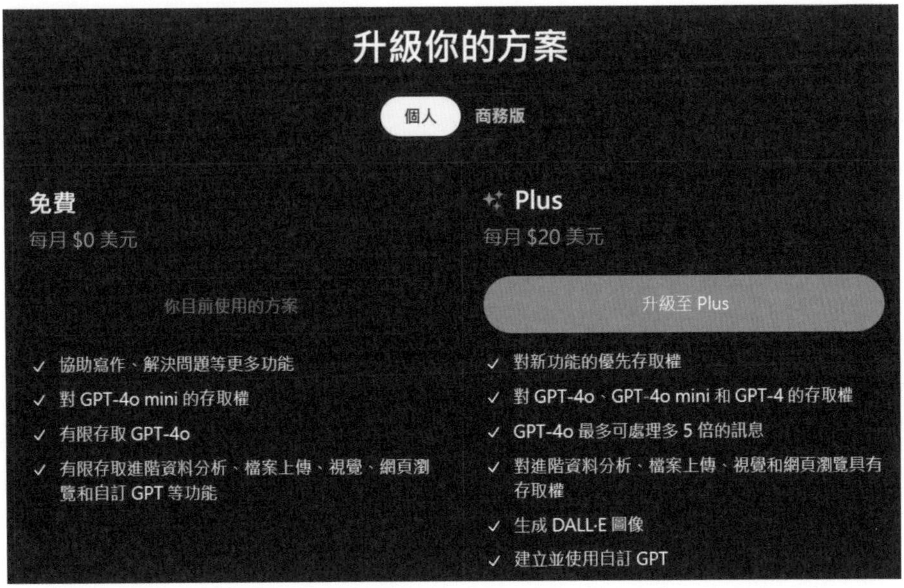

升級你的方案

個人　商務版

免費
每月 $0 美元
你目前使用的方案
- 協助寫作、解決問題等更多功能
- 對 GPT-4o mini 的存取權
- 有限存取 GPT-4o
- 有限存取進階資料分析、檔案上傳、視覺、網頁瀏覽和自訂 GPT 等功能

Plus
每月 $20 美元
升級至 Plus
- 對新功能的優先存取權
- 對 GPT-4o、GPT-4o mini 和 GPT-4 的存取權
- GPT-4o 最多可處理多 5 倍的訊息
- 對進階資料分析、檔案上傳、視覺和網頁瀏覽具有存取權
- 生成 DALL·E 圖像
- 建立並使用自訂 GPT

- **免費版（Free Plan）**：如果您是初次使用者或僅有輕量需求，免費版是非常合適的選擇。
- **付費版（Plus Plan）**：適合需要頻繁使用 ChatGPT 或對性能要求較高的專業用戶，企業用戶建議使用商務版，商務版最低訂購數量爲 2 個用戶。

在選擇訂閱計畫時，您可以根據自己的需求和預算做出決定。作者建議，如果不確定哪個計畫最適合您，可以先從免費版開始，之後根據需要再升級到付費版。

免費版與付費版的差異比較

我們來比較一下免費版與付費版之間的主要差異，以便讀者能夠做出明智的選擇。

	免費版	付費版
使用次數和速度	使用次數和響應速度可能會受到限制。	高階模型使用次數增加，通用模型提供無限次數使用，並且響應速度更快。
訪問新功能	可能需要等待更長時間才能使用最新的模型和功能。	優先訪問所有最新功能和模型更新，例如可以使用自訂 GPT 功能。

註冊並設置 ChatGPT 帳戶是開始使用這一強大工具的第一步。透過選擇適合自己的訂閱計畫，您可以根據需要靈活地運用 ChatGPT 的各項功能，從而在工作和生活中獲得更大的便利和效益。

1.4 ChatGPT 操作環境簡介

了解並熟悉 ChatGPT 的操作介面和基本功能，是高效使用這一工具的關鍵。在這一節，我們將介紹 ChatGPT 的使用介面，重點將會教大家設定一個非常實用的功能，那就是自訂 ChatGPT。這個功能將會幫助 ChatGPT 更了解你，與你想要的回覆方式，進而提升您使用 ChatGPT 的體驗，讓整個過程變得更加順暢。

1.4.1 使用介面概覽

當您登錄 ChatGPT 帳戶後，會看到一個簡潔直觀的使用介面，以下依序紅框標示左畫面的左邊到右，由上到下的方式逐一進行說明：

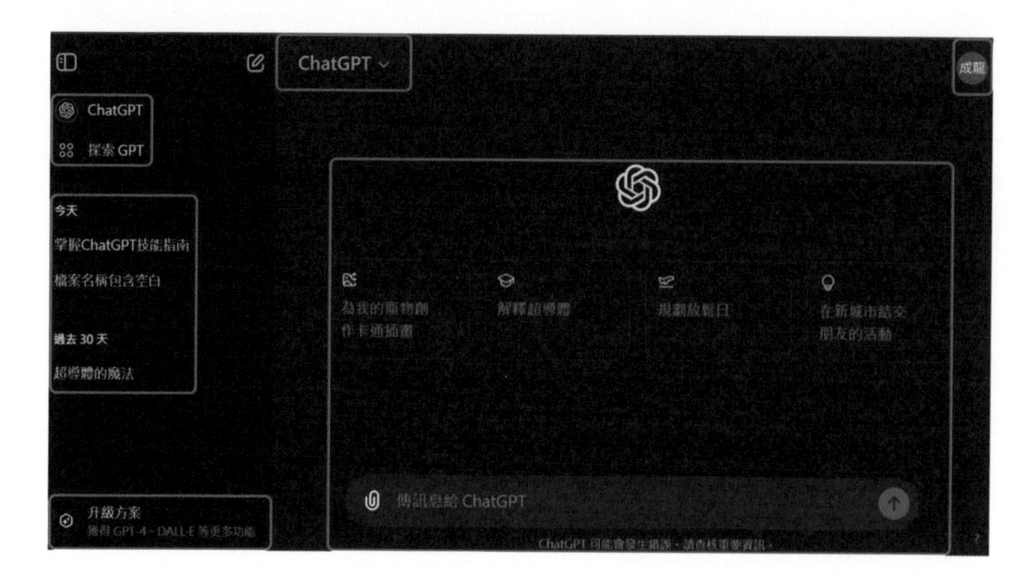

- **新交談與探索 GPT 窗口**：點擊左上方的 ChatGPT 圖示可以重新開啟新的交談，此時中間的交談記錄會被清除。不過，您不必擔心，這些記錄仍然可以在左側中間的紅框處找到。

- **交談紀錄窗口**：左側中間標記區會顯示今天與過去 30 天的交談記錄主題，您可以點擊其中任一項目，該項目的交談內容將會在畫面中央的對話窗口中呈現。

- **升級方案窗口**：如果您需要將免費版升級至 Plus 版，可以點擊左下方的「升級方案」，這將開啟升級方案說明頁面。點擊「升級」後，系統將引導您進入線上信用卡付費流程。

- **模型選擇窗口**：在畫面中央左側上方的 ChatGPT 下拉選單中，您可以選擇想要使用的模型。免費版沒有其他可選模型，但會提供升級選項。若有需要，您可以從這裡進行升級訂閱與付費操作。此外，您還可以選擇「臨時交談」選項，啟用後該交談將不會被記錄在歷程中，也不會用於模型訓練，且記憶功能會關閉，這意味著自訂 ChatGPT 的指令不會在此交談中生效。

- **交談窗口**：畫面中央的整塊區域是主要的操作與觀看位置。您可以點擊畫面最左側上方的小圖示縮小左側工具列，再次點擊即可恢復。縮小工具列可以最大化交談窗口，提升使用體驗，建議在執行任務時採用。

- **個人資料設定窗口**：右上角的圖示是個人資訊或系統設定區域。我們會在這裡教您如何進行一項非常重要且實用的自訂 ChatGPT 設定。這項設定的好處是讓 ChatGPT 更了解您的背景資訊與回覆風格。您可以嘗試對比有設定和無設定的差別。建議您在首次使用時，先完成這個設定，這將大大提升使用的體驗品質。

- **自訂 ChatGPT 視窗內分為兩個部分**：上半部分是「自訂指令」。在這裡，您可以輸入您的背景資訊，讓 ChatGPT 更加了解您的需求。這樣，當 ChatGPT 回應您時，它會優先考慮您的背景資訊，使回覆內容更符合您所設定的角色或行話，並且解讀更為精準。簡而言之，您提供的資訊越詳細，ChatGPT 就越能貼近您的工作場景，提供更深入的答案。

其實，如果您不在這裡設定自訂指令，也可以在對話視窗中手動輸入。不過這樣的話，每次開始新交談時，您都需要再次輸入指令，讓 ChatGPT 記住。因此，為了方便使用，建議您一次性在這裡設定好。以作者為例，我在自訂指令中會這樣輸入 **輸入提詞** **我的職業是管理經理並且負責大數據分析、BI 及 AI 的業務，我的興趣是利用程式解決工作與生活上的問題，我善長的程式語言是 Python，有十年以上的經驗。**

在同一個視窗中，向下滾動會看到另一個輸入框。在這裡，您可以設定 ChatGPT 回應您的方式。例如，您可以要求它以幽默的口吻回覆，或者使用連董事長都能理解的語言來回應您。例如，我經常收到的是簡體字的回應，或者回應過於簡短，因此，我可以在這裡輸入相應的要求，以確保回應符合我的期望。輸入提詞 回應要使用繁體中文或正體中文，不要出現簡體中文，回答都要詳細，回應都要很長。

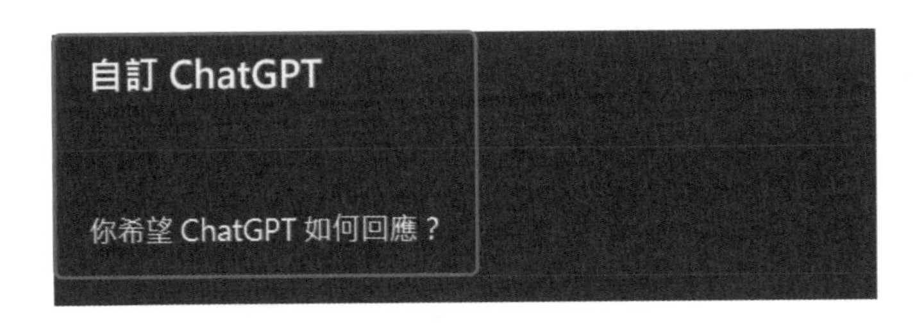

最後記得要按下最後下面的儲存，才會生效喔！

1.4.2 如何進行對話

與 ChatGPT 進行對話非常簡單，以下是一些基本步驟：

1. **輸入問題**：在對話窗口的輸入框中輸入您的問題或指令。例如，您可以輸入「請幫我撰寫一封商務郵件」。

2. **發送訊息**：按下輸入框右側的「發送」按鈕，或按下鍵盤上的 Enter 鍵，您的問題會被發送給 ChatGPT。

3. **查看回應**：ChatGPT 會在幾秒鐘內生成並顯示回應。您可以繼續輸入問題以展開進一步的對話，或根據回應調整您的提問。

1.4.3 模型切換

如果您是付費訂閱用戶，ChatGPT 提供了多種模型模式，以滿足不同的使用需求。點擊上方的下拉選單，可以看到目前可用的模型，如右圖所示。

1.4.4 常用快捷鍵和操作技巧

為了提升使用效率，掌握一些快捷鍵和小技巧非常有幫助。

- **快捷鍵**
  - ◎ Enter 鍵：發送訊息。
  - ◎ Shift + Enter 鍵：在輸入框中換行，而不立即發送訊息。
  - ◎ Ctrl + K 鍵：快速開啟新的對話交談。

- **操作技巧**

  提供上下文：在多輪對話中，盡量提供足夠的上下文，以幫助 ChatGPT 更準確地理解您的需求。例如，如果您在前一輪詢問了某個產品的優缺點，在接下來的對話中，可以提及該產品的名稱，以便讓 ChatGPT 更有效地延續對話。

透過熟悉 ChatGPT 的操作介面和基本功能，您可以更加自信地開始使用這一工具。掌握快捷鍵和一些操作技巧，將進一步提高您的使用效率。隨著您在使用過程中的不斷探索，您會發現更多有趣且實用的功能，這將使 ChatGPT 成為您工作和生活中的得力助手。

1.5 初步體驗：從錯誤中學習提問的關鍵

當我們第一次接觸 ChatGPT 時，可能會認為只要輸入問題，就能獲得滿意的答案。然而，事實上，提問的方式、精確度以及上下文的提供，對 ChatGPT 的回應品質有著極大的影響。在這一節，我們將透過一些實際範例，展示常見的錯誤用法，並解析這些錯誤如何導致不理想的結果，從而幫助讀者體會到提問的重要性。

1.5.1 範例一：提問不具體導致的模糊回應

錯誤示範

- **提問**：「告訴我關於行銷的知識。」
- **ChatGPT 的回應**：「行銷是一個涉及產品或服務的推廣和銷售的過程，它包括多種策略和技術，如廣告、促銷、公共關係等。」
- **問題解析**：這個提問過於寬泛，沒有明確的範疇或具體需求，導致 ChatGPT 只能給出非常籠統的回答。這種回應可能對讀者沒有太大實際幫助，因為缺乏具體的資訊或行動建議。

正確提問方式

- **提問**：「請解釋一下數位行銷中 SEO（搜索引擎優化）的基本概念和策略。」
- **改進後的回應**：「SEO（搜索引擎優化）是數位行銷中的一個關鍵策略，旨在透過優化網站內容和結構來提高其在搜索引擎結果頁面（SERP）中的排名。SEO 策略包括關鍵詞研究、內容優化、反向連結建設等，這些策略可以幫助網站獲得更多自然流量。」

學習經驗

具體的提問能夠引導 ChatGPT 提供更有針對性和實用性的回答，避免回答過於模糊。

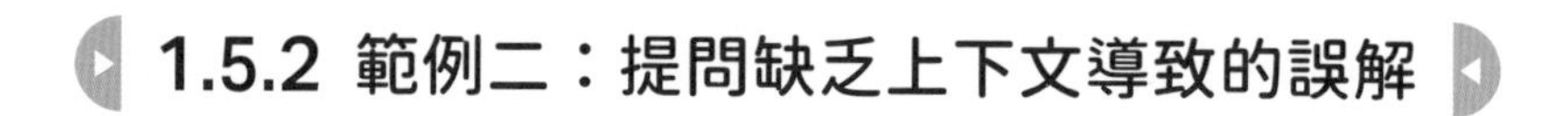

1.5.2 範例二：提問缺乏上下文導致的誤解

錯誤示範

- **提問**：「如何修理它？」
- **ChatGPT 的回應**：「修理什麼？請提供更多的細節。」
- **問題解析**：這個問題缺乏上下文，ChatGPT 無法理解「它」指的是什麼，因而無法提供有效的回應。在使用 ChatGPT 時，這類缺乏上下文的提問往往會導致低效的對話，因為需要進一步澄清問題。

正確提問方式

- **提問**：「我的手機螢幕出現裂痕，請問我應該如何修理它？」
- **改進後的回應**：「如果您的手機螢幕出現裂痕，您可以選擇以下幾種修理方法：1. 前往官方授權維修中心更換螢幕。2. 使用第三方維修服務，但需要確認其可信度。3. 如果裂痕較小，您可以暫時使用螢幕保護膜來防止進一步損壞。」

學習經驗

提供足夠的上下文能夠幫助 ChatGPT 更好地理解問題，從而提供準確且實用的回答。

1.5.3 範例三：提問中包含多重問題導致的混亂回應

錯誤示範

- **提問**：「什麼是 Python，它怎麼與 Java 不同，哪一個更適合初學者？」
- **ChatGPT 的回應**：「Python 是一種高級編程語言，易於學習且具有廣泛的應用。與 Java 相比，Python 的語法更加簡潔，適合初學者。至於哪個更適合你，這取決於你的具體需求和學習目標。」
- **問題解析**：這個提問包含了多個問題，容易導致 ChatGPT 的回應混亂或不夠深入。這樣的回答可能無法全面滿足讀者的需求，因為涉及的主題過於分散。

正確提問方式

- **提問**：

  ◎「請先解釋什麼是 Python 語言。」

  ◎「Python 與 Java 相比，有哪些主要的不同點？」

  ◎「對於初學者來說，Python 和 Java 哪一個更適合學習？為什麼？」

- **改進後的回應**：ChatGPT 會根據每個問題分別給出清晰、詳細的回應，使讀者能夠更好地理解每個主題。

學習經驗

將多重問題分開提問，能夠幫助 ChatGPT 更好地組織回答，避免訊息過載或回應混亂。

1.5.4 小結

在使用 ChatGPT 時，提問的方式直接影響到回應的品質。透過上述範例，我們可以看到常見的提問錯誤以及它們帶來的不良結果。透過具體化問題、提供上下文，以及分開多重問題來進行提問，讀者將能夠更有效地與 ChatGPT 互動，從而獲得更高品質的回答。提問不僅僅是與 AI 交流的技術，更是從 AI 中獲取價值的藝術。

1.6 提問心法：掌握超越一般使用者的祕訣

在使用 ChatGPT 的過程中，提問的品質往往決定了回應的品質。有效的提問不僅能幫助 ChatGPT 更精準地理解您的需求，還能幫助您獲得更具價值且針對性的回答。本節將深入探討如何構建有效的提問，並分享一些實用的提問技巧，讓您能夠最大化利用 ChatGPT 的能力。此外，我們還會設計一些練習，讓讀者透過實際操作體驗不同提問方式所帶來的差異，進而提高與 ChatGPT 互動的效率和效果。

1.6.1 具體化問題

具體化問題是構建有效提問的核心。當問題過於籠統或模糊時，ChatGPT 可能會給出泛泛而談的回應，無法滿足您的具體需求。因此，當您需要得到具體資訊或指導時，應該明確地描述您的問題。

技巧 1 **明確目標**：在提問之前，先確定您希望從 ChatGPT 那裡獲得什麼樣的資訊。例如，與其問「如何提高銷售？」不如問「在電子商務中，有哪些策略可以提高轉化率？」

技巧 2 **具體說明**：提供具體的數據或情境有助於 ChatGPT 給出更有針對性的回答。例如，與其問「Python 有什麼好處？」不如問「對於數據分析初學者來說，Python 的哪些特點最有用？」

1.6.2 使用背景資訊

提供足夠的背景資訊能幫助 ChatGPT 更好地理解您的提問，並根據情境提供相關的建議。當問題涉及到特定的情境或過去的對話時，尤其需要提供背景資訊。

技巧 1 **補充背景**：當問題需要依賴上下文時，請在提問時補充相關的背景資訊。例如，「我在上次對話中提到的營銷計畫，應該如何進一步優化？」這樣的問題能讓 ChatGPT 無縫接續前文。

技巧 2 **概述需求**：如果問題涉及多個要素，請先概述您的需求。例如，「我正在計劃一個新的市場進入策略，主要考慮的是數位廣告和內容行銷，您有什麼建議？」

1.6.3 避免含糊詞語

含糊不清的詞語可能會讓 ChatGPT 無法準確理解您的問題，從而導致回應的偏差。為了提高回答的精確性，應盡量避免使用這類詞語，或在使用時加以明確解釋。

技巧 1 **避免模糊詞**：盡量避免使用「這個」、「那個」、「它」等指代不明的詞語，特別是在首次提問時。例如，「如何解決這個問題？」應具體化為「如何解決我在數據分析中遇到的資料清洗問題？」

技巧 2 **明確定義**：如果問題中包含專業術語或特殊概念，請確保這些詞語已經被明確定義。例如，「在 SEO 中，如何提高網站的權重？」這樣的問題需要確認「網站的權重」在此情境中的具體含義。

1.6.4 單一主題專注

在與 ChatGPT 互動時，集中於單一主題有助於獲得更深入且精準的回應。一次提問若涵蓋多個不同的主題或問題，可能會導致回應內容分散或不夠深入。

技巧 **聚焦單一主題**：例如，與其問「請描述《三國志》中，劉備、關羽、張飛、曹操的角色故事與性格分析」，不如分成多個具體問題，讓每個角色的討論更深入。

1.6.5 角色與語調設定

在提問時，可以要求 ChatGPT 扮演特定角色或使用特定的語調。這能夠讓回答更具個性化和生動性，特別是當您需要專業建議或特定風格的回應時。

技巧 **設定角色**：例如，您可以要求 ChatGPT 以「財務顧問」的身分回答關於投資的問題，或以「歷史學者」的身份討論特定歷史事件。這樣能使回答更符合您的預期和需求。

1.6.6 實際操作練習

為了幫助您更有效掌握這些提問技巧，以下是幾個練習題目。您可以透過實際操作，觀察不同提問方式所帶來的回應差異。

練習一 具體化問題

- **初始提問**：「如何改善我的網站？」
- **改進提問**：「我的電子商務網站流量不錯，但轉化率偏低，您能給我一些提升轉化率的建議嗎？」

練習二 使用背景資訊

- **初始提問**：「我應該如何進行市場調查？」
- **改進提問**：「我的目標市場是 18-25 歲的年輕人，主要集中在大都市，您能建議一些適合這個群體的市場調查方法嗎？」

練習三 避免含糊詞語

- **初始提問**：「我應該如何開始這個專案？」
- **改進提問**：「我剛剛啟動了一個針對中小企業的數據分析專案，初始階段應該集中於哪些數據收集和分析方法？」

練習四 單一主題專注

- **初始提問**：「我如何提升公司內部的工作效率，同時改善客戶滿意度？」
- **改進提問**：「我想專注於提升公司內部的工作效率，請問有哪些方法可以幫助我優化內部流程？」

練習五 角色與語調設定

- **初始提問**：「請幫我分析這個投資機會。」
- **改進提問**：「以財務顧問的角度來看，這個科技新創公司的投資機會如何？我應該注意哪些潛在風險？」

1.6.7 小結

提問是一門藝術，特別是在與 ChatGPT 互動時，提問的精確度和具體性直接影響到結果的品質。透過學習具體化問題、使用背景資訊以及避免含糊詞語等技巧，您將能夠更有效地利用 ChatGPT 的強大能力。隨著您的提問技能不斷提高，ChatGPT 將成為您工作和生活中更為有力的助手。透過練習這些技巧，您會發現 ChatGPT 的回應變得更加準確且有價值，進而最大化地發揮其潛力。

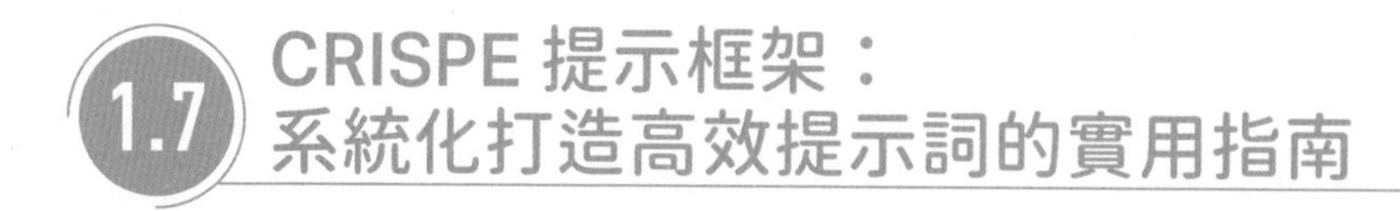

1.7 CRISPE 提示框架：系統化打造高效提示詞的實用指南

最後，分享 Matt Nigh 在 Github 上分享的，高效率提示詞框架 CRISPE，有興趣讀者可以前往這個網址 https://github.com/mattnigh/ChatGPT3-Free-Prompt-List。CRISPE 是一個幫助使用者與 ChatGPT 有效互動的指令框架。以下是 CRISPE 的每個元素，以及如何使用它們來制定更清晰和具體的指令。

- **CR：Capacity and Role（能力與角色）**

  指定你希望 ChatGPT 扮演的角色。例如，它可以是一位專業顧問、技術專家或教育導師。這有助於 ChatGPT 提供更符合你期望的回應。

- **I：Insight（洞察力）**

  提供背景資訊或上下文，讓 ChatGPT 能更好地理解你的需求。這部分包括你想要討論的話題、目標受眾的特徵，或是特定的環境設定。

- **S：Statement（指令）**

  明確地告訴 ChatGPT 你希望它做什麼。這可以是請求資訊、分析某個主題，或者生成具體內容。清晰的指令有助於 ChatGPT 提供更精確的回應。

- **P：Personality（個性）**

  指定 ChatGPT 回應時的風格或語氣。你可以要求它以某種特定的風格或語氣來回答，這可以使回應更符合你的需求，例如正式、幽默、或者學術風。

- **E：Experiment（嘗試）**

  鼓勵 ChatGPT 提供多個答案或不同的角度，讓你可以選擇最適合的回應或探索更多可能性。

範例

- **指令目標**

  你希望 ChatGPT 扮演一位科技應用專家，並撰寫一篇針對有興趣瞭解 AI 最新應用的專業人士的文章。

- **CR：Capacity and Role（能力與角色）**

  你現在是一位科技應用專家以及部落格作者。

- **I：Insight（洞察力）**

  這篇文章的讀者主要是對 AI 最新應用感興趣的專業人士。

- **S：Statement（指令）**

  請提供目前最流行的五項 AI 應用項目的全面概述，並說明它們的優點和缺點。包括現實生活中的例子和研究案例，以展示這些項目如何在各個行業中成功地被使用。

- **P：Personality（個性）**

  撰寫風格請結合 Steve Jobs 和 Elon Musk 的溝通風格，以簡潔有力、重點突出的方式進行表達。

- **E：Experiment（嘗試）**

  並請提供多個不同的例子供選擇，以確保內容符合需求。

依據上面的格式，我們將完整的提示詞送出。**輸入提詞** 你現在是一位科技應用專家以及部落格作者。這篇文章的讀者主要是對 AI 最新應用感興趣的專業人士。請提供目前最流行的五項 AI 應用項目的全面概述，並說明它們的優點和缺點。包括現實生活中的例子和研究案例，以展示這些項目如何在各個行業中成功地被使用。撰寫風格請結合 Steve Jobs 和 Elon Musk 的溝通風格，以簡潔有力、重點突出的方式進行表達。並請提供多個不同的例子供選擇，以確保內容符合需求。

探索未來：五大熱門 AI 應用項目概述

AI 正在以驚人的速度重塑各行各業，無論是醫療、金融還是零售，皆在利用 AI 的力量提升效率和創新。以下是目前最流行的五項 AI 應用項目，每一項都展示了這些技術如何在現實世界中發揮作用，以及它們的優缺點。

1. 自然語言處理 (NLP)

   - **優點**：NLP 使機器能夠理解和生成人類語言，帶來了前所未有的溝通與自動化水平。應用範圍從虛擬助理 (如 Siri 和 Alexa) 到文本分析平台，NLP 正在改變我們與技術互動的方式。
   - **缺點**：儘管 NLP 進步迅速，但在理解語境和多義詞的準確性上仍存在挑戰。此外，某些語言的數據集不足，導致應用的精確度較低。

CHAPTER 2

從 28 個精選 AI 應用案例中尋找靈感

在學習和應用 AI 技術的過程中，初學者往往會感到迷茫，缺乏明確的方向或創新的想法。然而，這正是你開始探索的最佳時機。本章利用 28 個精選的 AI 應用案例，幫助你利用 ChatGPT 打破思維局限，找到啟發性的靈感和實際可行的點子。

無論你是希望在編程與開發中找到新的解決方案，還是尋求有效的數據處理方式，本章都將引領你一步步掌握如何將 ChatGPT 應用於實際場景中。我們還將深入探討學術寫作、語言翻譯、創意生成等領域，幫助你在學習過程中不斷發現新想法，讓你的技術實作更加輕鬆有趣。

透過本章，你將會發現，缺乏想法並不可怕，因為 ChatGPT 能夠成為你的最佳助手，帶領你從無到有，創造出屬於你的突破性點子！

本章彙整了 6 大類，28 個應用範例：

主題	應用範例
編程與開發	● Python 到自然語言 ● 計算時間複雜度 ● SQL 請求 ● JavaScript 到 Python ● Python 錯誤修復程序 ● JavaScript 助手聊天機器人

主題	應用範例
編程與開發	● 解釋代碼 ● 命令文本
數據處理與分析	● 解析非結構化數據 ● 電子表格創建者 ● 高級推文分類器 ● 關鍵字 ● 提取聯繫訊息 ● 分類
學術與寫作支持	● 給二年級學生總結 ● 論文大綱 ● 創建學習筆記 ● 總結說明 ● 語法修正 ● 面試題
語言與翻譯	● 英語到其他語言
創意與內容生成	● 產品說明中的廣告 ● 產品名稱產生器 ● 心情變色 ● 餐廳評論創建者 ● 電影到表情符號 ● 微型恐怖故事創作者
機器學習與 AI 應用	● ML/AI 語言模型導師

2.1 編程與開發

2.1.1 Python 到自然語言

輸入提詞 用一般程式初學者聽的懂的話，解釋下面的程式碼，並將運算結果逐一列出：

```
def factorial(n):
    if n == 0:
        return 1
    else:
        return n * factorial(n-1)

result = factorial(5)
print(result)
```

這段程式碼定義了一個計算階乘（factorial）的函數，然後用這個函數計算 5 的階乘。下面是逐步解釋這段程式碼的運作方式，以及每一步的運算結果：

程式碼解釋

1. 函數定義：
   - def factorial(n)：定義了一個名爲 factorial 的函數，它接受一個參數 n。
   - 函數內部有一個條件判斷式 if n == 0:，檢查 n 是否等於 0。
     - 如果 n 等於 0，函數會返回 1，因爲 0 的階乘定義爲 1。
     - 否則，函數會返回 n * factorial(n-1)，也就是說它會計算 n 乘上 n-1 的階乘。這裡使用了遞迴（函數自己呼叫自己）來計算階乘。

2.1.2 計算時間複雜度

這個函數的時間複雜度是 O(n*k)。這是因為該函數有兩個巢狀的 for 迴圈，每個迴圈的時間複雜度分別為 O(n) 和 O(k)。因此，總的時間複雜度是兩者的乘積，即 O(n*k)。這個在資訊管理和資訊工程領域的朋友們應該都會遇到，現在交給 ChatGPT 來進行解答。

輸入提詞 找出這個函數的時間複雜度，並用一般人能理解的話說明。

```
def factorial(n):
    if n == 0:
        return 1
    else:
        return n * factorial(n-1)
result = factorial(5)
```

這個函數 `factorial(n)` 的時間複雜度是 *O*(*n*)。下面用一般人能理解的話來解釋：

什麼是時間複雜度？

時間複雜度是一種評估演算法需要多長時間才能完成的方式。它通常用一個符號 (O)（讀作「大 O」）來表示，後面跟著一個變數來描述這個時間隨著輸入數據量的增加會怎麼變化。

這個函數的時間複雜度是 *O*(*n*)

在這個函數中，計算一個數字的階乘是透過遞迴的方式進行的。每次呼叫 `factorial(n)` 函數時，它會再次呼叫 `factorial(n-1)`，直到 `n` 等於 0 爲止。

舉個例子，如果你想計算 `factorial(5)`，這個函數會做以下的事情：

- - 第一次呼叫 `factorial(5)`，它會呼叫 `factorial(4)`。

2.1.3 SQL 請求

用自然語言，完成 SQL 語法與日常資料管理任務。

輸入提詞 我有一個學生資料表 student，記載學生基本資料，裡面有 sid 學號、sno 身份證字號、name 姓名、age 年紀、addr 地址，還有一個學生成績資料 scores，裡面有 sid 學號，subject 科目、score 分數欄位。幫我產生一個 SQL 語法，取得學生成績表裡面國文不及格也就是分數小於 60 的學生。

sql

```sql
SELECT
    s.sid,
    s.sno,
    s.name,
    s.age,
    s.addr,
    sc.subject,
    sc.score
FROM
    student s
JOIN
    scores sc
ON
    s.sid = sc.sid
WHERE
    sc.subject = '國文'
    AND sc.score < 60;
```

2.1.4 JavaScript 到 Python

輸入提詞 產生 99 乘法表的 javacript 寫法：

javacript

```
// 產生 99 乘法表
function generateMultiplicationTable() {
    let table = '';

    for (let i = 1; i <= 9; i++) {
        for (let j = 1; j <= 9; j++) {
            table += `${i} x ${j} = ${i * j}\t`;
        }
        table += '\n'; // 每行結束後換行
    }

    return table;
}

// 輸出乘法表
console.log(generateMultiplicationTable());
```

輸入提詞 改成 python 語法：

javacript

```
# 產生 99 乘法表
def generate_multiplication_table():
    table = ''

    for i in range(1, 10):
        for j in range(1, 10):
            table += f'{i} x {j} = {i * j}\t'
        table += '\n'  # 每行結束後換行

    return table

# 輸出乘法表
print(generate_multiplication_table())
```

2.1.5 Python 錯誤修復程序

輸入提詞 找出下面程式碼的錯誤，並進行修正：

```
def generate_multiplication_table():
    table = ''
    for i in range(1, 10):
        for j in range(1, 10):
            table += f'{i} x {j} = {i * j}'  # 這裡缺少了 \t 用來分隔每個乘法結果
        # 缺少了換行符號，應該在每行結束後加上 table += '\n'
    return table
# 輸出乘法表
print(generate_multiplication_table())
```

這段程式碼的主要錯誤在於：

1. 在生成每個乘法結果時，缺少了 \t 用來分隔每個結果，導致輸出結果難以閱讀。
2. 缺少了換行符號 \n，應該在每一行結束後加上換行符號，否則所有的乘法結果都會在同一行顯示。

以下是修正後的程式碼：

python　複製程式碼

```
def generate_multiplication_table():
    table = ''

    for i in range(1, 10):
        for j in range(1, 10):
            table + = f'{i} x {j} = {i * j}\t' # 加上 \t 用來分隔每個乘法結果
        table + = '\n'  # 加上換行符號
```

2.1.6 JavaScript 助手聊天機器人

輸入提詞 你現在是 javascript 的專家，我將會請教您這方面的問題？跳出警示要怎麼寫。

在 JavaScript 中，跳出警示 (alert) 的語法非常簡單，可以使用內建的 alert() 函數。以下是一個基本的例子：

JavaScript　複製程式碼

```
alter(" 這是一個警示訊息！“)
```

這段程式碼會在網頁上彈出一個警示視窗，顯示「這是一個警示訊息！」的文字，並且要求使用者點擊「確定」按鈕後才能繼續操作。

2.1.7 解釋程式碼

輸入提詞 爲程式碼寫上註解。

```
from linebot import LineBotApi
from linebot.models import TextSendMessage
channel_access_token = 'YOUR_CHANNEL_ACCESS_TOKEN'
line_bot_api = LineBotApi(channel_access_token)
message = TextSendMessage(text='Hello, LINE 群組！')
group_id = 'GROUP_ID'
line_bot_api.push_message(group_id, messages=message)
```

以下是為你提供的程式碼加上註解的版本：

python 複製程式碼

```python
# 從 linebot 套件中導入 LineBotApi 類別
from linebot import LineBotApi

# 從 linebot.models 中導入 TextSendMessage 類別，用於發送文字訊息
from linebot.models import TextSendMessage

# 設定你的 Line 頻道存取權杖，用來驗證身份
channel_access_token = 'YOUR_CHANNEL_ACCESS_TOKEN'

# 初始化 LineBotApi 實例，用於與 Line 平台進行互動
line_bot_api = LineBotApi(channel_access_token)
```

2.1.8 命令文本

輸入提詞 將文章轉換為順暢的句字：每每困難，我們都得到無價的經驗，而這經驗能成為我們未來成功的基石。請分享面臨挑選或失敗的經驗。它如何影響你你得到怎樣。

每當我們遇到困難時，都能獲得寶貴的經驗，而這些經驗往往成為我們未來成功的基石。請分享你在面臨選擇或遭遇失敗時的經歷，以及這些經歷如何影響了你，又帶給了你什麼樣的收穫。

數據處理與分析

2.2.1 解析非結構化數據

一般來說，網頁中經常出現的文字是「非結構化資料」，如何進一步分析 / 解讀 / 匯總，以萃取出群眾智慧。在非結構化資料的數據中，特別是使用者瀏覽後的心得、留言等，此一形態的資料往往大多數只能提供「閱讀」的功能，而在使用大數據的下一步中，我們將透過一個簡單例子，解釋如何將「非結構的數據」轉換成大數據或更有用的資訊。下面提詞的文章來自大業流通的「汽百教學指南」(https://www.ta-yeh.com.tw/Carnews/detail/23)，我們透過指令，請 ChatGPT 再一次的進行結構化整理，讓我們更容易讀懂內容。

貼入文章後，**輸入提詞** **將下面文章用一張表格進行總結，這裡接著將上面網頁的內容整個貼上。**

以下是根據文章內容整理的表格總結：

儀表燈名稱	說明	處理方式
冷卻水溫度警告燈	當引擎溫度過高時會亮起紅色燈號，代表水溫過高，需要立刻停車並檢查冷卻系統。	停車後打開引擎蓋，檢查散熱風扇運轉是否正常、水箱及副水箱有無異狀，如仍過熱需尋求拖吊車協助。
剎車系統故障燈	當剎車系統有異常或剎車油液位過低時會亮起。	先檢查手剎車是否完全鬆開，若燈號仍亮起，則檢查剎車油液位並添加，或檢查剎車系統管路是否洩漏。
機油壓力警告燈	當機油壓力或存量不足時會亮起，可能代表機油缺少、機油泵有問題或感應箱顯示不準確。	立刻添加機油以確保引擎潤滑，避免引擎損壞。

儀表燈名稱	說明	處理方式
轉向助力警報燈	當轉向系統異常時會亮起，代表轉向助力系統失效或助力油不足。	檢查轉向助力油是否不足，若燈號已亮起，應立即停車檢查以防止無法控制車輛。
引擎故障燈	當引擎工作異常時會亮起，燈號可能會閃爍或恆亮。	嘗試擰緊油箱蓋，如感覺功率損失或燈號持續亮起，應立即回保養廠檢查，避免引擎進一步損壞。

這張表格總結了文章中提到的五個重要儀表燈及其處理方式，方便快速查閱和理解。

2.2.2 電子表格創建者

將找到的資料依你需要的方式呈現，包括排版與排序，這個技巧很實用，請一定要多多練習。

輸入提詞 列出最近 5 年的頂級科幻電影 10 部和發行年份，以表格呈現，欄位有發行年份、英文標題、中文標題與主要演員，以發行年份排序，最新的放最上面。

發行年份	英文標題	中文標題	主要演員
2023	Dune: Part Two	沙丘：第二部	Timothée Chalamet, Zendaya, Rebecca Ferguson
2022	Everything Everywhere All at Once	媽的多重宇宙	Michelle Yeoh, Stephanie Hsu, Ke Huy Quan
2021	Dune	沙丘	Timothée Chalamet, Rebecca Ferguson, Oscar Isaac

2.2.3 高級推文分類器

輸入提詞 對這些推文中的情緒進行分類：1．我受不了作業 2．這很糟糕。我很無聊 3．我等不及萬聖節了！！！4．我的貓很可愛 5．我討厭巧克力。

以下是對這些推文情緒的分類：

1. 我受不了作業 - 負面情緒（沮喪、煩躁）
2. 這很糟糕。我很無聊 - 負面情緒（無聊、不滿）
3. 我等不及萬聖節了！！！- 正面情緒（期待、興奮）
4. 我的貓很可愛 - 正面情緒（喜愛、滿足）
5. 我討厭巧克力 - 負面情緒（厭惡、不喜歡）

2.2.4 關鍵字

輸入提詞 從下面文章中提取關鍵詞，黑底黑陶器是一種源於 20 世紀至 21 世紀的陶藝傳統，由新墨西哥州北部的普韋布洛美洲原住民陶藝家所發展。幾個世紀以來，普韋布洛的藝術家們一直在製作傳統的黑色還原燒陶器。在上個世紀，這種陶器的表面通常經過光滑處理，並透過選擇性拋光或應用耐火漿料來展現設計。此外，另一種風格則涉及雕刻或切割設計，並對凸起的部分進行選擇性拋光，形成獨特的藝術效果。

以下是從文章中提取的關鍵詞：

1. 黑底黑陶器
2. 20 世紀
3. 21 世紀
4. 陶藝傳統
5. 新墨西哥州北部
6. 普韋布洛

2.2.5 提取聯繫訊息

從文本中提取訊息，作者稱這種能力為隔空取物，非常實用，請大家一定要多多練習與使用，相信總有一天你會用到它。例如，當你外出隨手做的筆記、郵件內容，或者與客戶的語音交談，經過轉換成文字後，都可以取出有關銷售量和價格的資料。若內容很多且涉及的部分有多個段落，你很難整理成一個表格，現在用這方法，將讓你工作效率翻上不只一倍。

輸入提詞 將下面文章有關產品、單價與總金額的部分，整理成表格。

日期：2023 年 1 月 15 日

客戶：ABC 公司 - 張經理

業務拜訪員：小王

訪談開始：

小　王：早安，張經理！我們很高興再次拜訪您的公司。您最近對我們的產品有什麼需求嗎？

張經理：早安，小王。實際上，我們最近需要一批辦公室用的文具和耗材，特別是一些筆記本和墨水筆。

小　王：好的，我們有各種不同類型的筆記本和墨水筆可供選擇。筆記本的單價範圍從 30 元到 80 元不等，而墨水筆的單價從 5 元到 20 元不等。您需要多少數量？

訪談繼續：

張經理：我們需要 20 本筆記本和 30 支墨水筆。

小　王：明白了。這是您的訂單明細：

20 本筆記本 × 單價 40 元 / 本 = 800 元

30 支墨水筆 × 單價 10 元 / 支 = 300 元 總金額為 1,100 元。

以下是整理出的產品、單價與總金額的表格：

產品	數量	單價（元）	總金額（元）
筆記本	20 本	40 元 / 本	800 元
墨水筆	30 支	10 元 / 支	300 元
總金額			1,100 元

2.2.6 分類

我準備了 20 個資料，10 個水果和 10 個蔬菜，我希望讓 ChatGPT 重新替我整理並分類表示。

輸入提詞 將下面進行分類，把水果和蔬菜分開來呈現。檸檬、西蘭花、豌豆、西瓜、櫻桃、胡蘿蔔、洋蔥、草莓、葡萄、蘆筍、蘋果、花椰菜、青椒、香蕉、柳橙、南瓜、芒果、番茄、藍莓、黃瓜。

水果：

檸檬、西瓜、櫻桃、草莓、葡萄、蘋果、香蕉、柳橙、芒果、藍莓

蔬菜：

西蘭花、豌豆、胡蘿蔔、洋蔥、蘆筍、花椰菜、青椒、南瓜、番茄、黃瓜

2.3 學術與寫作輔導

2.3.1 給二年級學生總結

當總結給二年級學生時，你可以請 AI 用不同年齡層或職階能理解的語言來回應。這點與 Google Search 大不相同，只有生成式 AI 才能做到。你可以讓 AI 用小學生能理解的語言，或國中生、大學生，甚至是 40 歲以上成人的語言來回應。只需在提示詞中稍作變化，就能使回覆內容變得個性化且多樣化。以下是一篇關於禁菸的新聞，經由 ChatGPT 摘要後的結果範例。原始新聞內容繁雜且不易抓住重點。透過以下的指令，你可以簡單地提取重點，讓一般讀者更容易理解。

輸入提詞 讓國中以下的學生能容易理解，後面請貼上文章內容，也可以是新聞的內容。

以下是簡單易懂的重點：

1. **禁菸年齡提高到 20 歲**：新的法律規定，禁止吸菸的年齡從 18 歲提高到 20 歲。
2. **更多地方禁止吸菸**：除了高中以下的學校，現在連大學、幼兒園、托嬰中心、酒吧和夜店都不可以吸菸了。
3. **違規會被罰錢**：如果在禁菸的地方吸菸或賣與吸菸有關的物品，會被罰款，最高可罰 5 萬元。
4. **保護大家健康**：這些新的規定不但不會對餐廳、酒吧等影響生意，反而有助於讓空氣更乾淨、員工更健康，還可以幫助吸菸者戒菸，也讓年輕人不容易開始吸菸。

2.3.2 論文大綱

輸入提詞 替我撰寫有關「中東局勢變化對全球經濟影響」的論文大綱。

以下是關於「中東局勢變化對全球經濟影響」的論文大綱：

一、引言

1. 研究背景與重要性
   - 中東地區的地理政治位置及其在全球經濟中的重要性
   - 本論文研究的目的與範圍
2. 研究問題與目標
   - 探討中東局勢變化如何影響全球經濟
   - 關鍵影響因素的分析

2.3.3 創建學習筆記

輸入提詞 提供給我哈利波特的學習筆記。

《哈利波特》學習筆記

一、概述

- **作者**：J.K. 羅琳（J.K. Rowling）
- **系列**：共有七本書，分別是《神秘的魔法石》、《消失的密室》、《阿茲卡班的逃犯》、《火盃的考驗》、《鳳凰會的密令》、《混血王子的背叛》、《死神的聖物》。
- **主題**：友誼、勇氣、愛、選擇與命運、善與惡的對立。

2.3.4 總結說明

您可以將會議紀錄資料進行總結，下面的範例，我們使用台北市政資料館的市政會議紀錄內容來進行練習。您也可以拿你手上現成的資料。

輸入提詞 將下面的會議紀錄做成摘要。(請讀者在提詞後面貼上您的會議紀錄或需要總結的內容。)

臺北市政府第 2276 次市政會議摘要

會議時間與地點

- 時間：民國 112 年 12 月 26 日 9 時
- 地點：臺北市市政大樓 12 樓劉銘傳廳
- 主席：蔣萬安

會議內容概要

1. 頒 (獻) 獎
    - 表揚偵破跨境毒品集團的有功員警。
    - 頒獎給消防局，榮獲國內外多項榮譽，包括行政院標竿學習案例「優良獎」及亞洲 EMS「最佳機構獎」。

2.3.5 語法修正

輸入提詞 將下面的句子進行修正，並告訴我錯的在哪裡。She don't likes ice cream。

這個句子 "She don't likes ice cream" 有兩個語法錯誤：

1. **"don't" 應改爲 "doesn't"**：因爲主語 "She" 是第三人稱單數，所以助動詞應該使用 "doesn't" 而不是 "don't"。
2. **"likes" 應改爲 "like"**：當使用 "doesn't" 這類否定助動詞時，後面的動詞應該使用原形 "like" 而不是 "likes"。

修正後的句子應該是：

"She doesn't like ice cream."

2.3.6 面試題

輸入提詞 爲我面試一位前端工程師職缺創建一個包含 5 個問題的列表。

以下是面試前端工程師職缺時可以使用的五個問題列表：

1. **請描述一下你在最近的項目中使用的前端技術堆棧？爲什麼選擇這些技術？**
   - 這個問題旨在了解候選人對不同前端技術的熟悉程度，以及他們選擇技術的邏輯和原因。
2. **你如何優化網站的性能，特別是在移動設備上？**
   - 這個問題旨在評估候選人對性能優化的理解，特別是在移動設備上的應用。

2.4 英語到其他語言

輸入提詞 撰寫一封董事長張大寶於歲末年終給公司同仁的勵志電子郵件，期許大家努力，讓公司更好，並且要引用名人的佳句並且將名人姓名寫出來，字數不超過 200 個字。同時轉成英文、法文、西班牙文和日文，不同語言中間用分隔線隔開。

親愛的同仁們，

感謝大家在這一年中的努力和貢獻。歲末將至，讓我們一同迎接新的挑戰，期許在來年能夠創造更多的成就。正如愛因斯坦所說：「在危機中，不僅要看到困難，還要看到機會。」讓我們攜手並進，共同迎接未來的機會，讓公司邁向更高的巔峰。祝福大家新年快樂，健康平安。

董事長
張大寶

Español:

Queridos colegas,

Gracias por su arduo trabajo y contribuciones a lo largo de este año. A medida que el año llega a su fin, enfrentemos juntos nuevos desafíos, aspirando a mayores logros en el próximo año. Como dijo Albert Einstein: "En medio de cada crisis, se encuentra una gran oportunidad." Unámonos para avanzar y aprovechar las oportunidades que tenemos por delante, llevando nuestra empresa a nuevas alturas. Les deseo a todos un feliz y saludable Año Nuevo.

Presidente
Zhang Dabao

2.5 創意與內容生成

2.5.1 產品說明中的廣告

輸入提詞 為以下產品編寫創意廣告，並在 YouTube 上針對父母進行投放。產品：語音助理是一個輔助工具，可以提升小孩學習語文的興趣。

廣告標題：「讓學習成為孩子的好朋友！——語音助理，語文學習的新伙伴」

廣告腳本：

[畫面] 一位父母正為孩子學習困難而煩惱，孩子坐在書桌前，眼神茫然。

旁白：「您的孩子在語文學習上遇到挑戰嗎？別擔心，解決方案就在這裡！」

[畫面] 父母輕鬆點擊語音助理 APP，孩子興奮地拿起平板，螢幕顯示著語音助理的介面。

2.5.2 產品名稱產生器

輸入提詞 依照下面產品內容，產生 5 個能熱賣的產品名稱。產品描述：一雙適合任何腳型的鞋子。種子詞：適應性強，適合，全方位適應。

以下是依據產品描述與種子詞產生的 5 個可能熱賣的產品名稱：

1. 全適步 - 適應性強的全方位鞋款
2. 萬象足 - 全方位適應的理想鞋履
3. 適行者 - 為每一步設計的全適應鞋
4. 足適佳 - 完美適合任何腳型的鞋
5. 適應王 - 全方位適應的舒適鞋履

2.5.3 心情變色

輸入提詞 黃昏時分藍天般顏色的 CSS 代碼，鑽石般閃耀的顏色的色碼，將夕陽西下轉換成色碼。

1. 黃昏時分藍天般顏色的 CSS 代碼

這個顏色通常是漸變的，可以從橙紅色逐漸過渡到淡藍色，模仿黃昏時的天空。

CSS　　複製程式碼

```css
body {
    background: linear-gradient(to bottom, #FF4500, #FFD700, #87CEEB);
}
```

- #FF4500 (OrangeRed) - 代表夕陽的橙紅色。
- #FFD700 (Gold) - 代表夕陽光線反射出的金黃色。
- #87CEEB (SkyBlue) - 代表黃昏時的淡藍色天空。

2.5.4 餐廳評論創建者

輸入提詞 將下面句子用餐廳評論者的角度撰寫，店名：天天開心牛排店，價格還行、肉品新鮮、服務品質好，就是有一點吵與空間較小。平時還可以，假日人太多。

天天開心牛排店，顧名思義，是一個讓人感到愉悅的用餐場所。首先，價格方面算是中等，對於喜愛牛排的食客來說，這裡提供了物有所值的選擇。店內的肉品非常新鮮，每一口牛排都能感受到嚴選食材的品質。此外，服務也是這裡的一大亮點，服務生態度親切，細心周到，讓整體用餐體驗更上一層樓。

然而，這裡的用餐環境可能會有一點挑戰性。餐廳空間較爲緊湊，加上人潮旺盛，尤其是假日，難免顯得有些擁擠和吵雜。平日的用餐體驗相對較佳，適合想要享受美食的時候光臨。總的來說，天天開心牛排店仍然是一個值得一試的牛排餐廳，特別是如果你能在平日時段前往。

2.5.5 電影到表情符號

輸入提詞 給我 2023 年，美國最熱銷的電影的中文名稱，將電影片名轉成表情符號。

2023 年美國最熱銷的電影是《Barbie》。以下是將這部電影的片名轉換成表情符號的表示方式：

🎀👱‍♀️🎀

這些表情符號代表了《Barbie》這部電影的主題，使用粉紅色的蝴蝶結和金髮女孩來象徵這個經典的娃娃形象。

此外，其他熱銷的電影包括《超級瑪利歐兄弟電影》（🎮🍄👑）、《奧本海默》（💥🔬💣），它們在票房上也取得了巨大的成功。

2.5.6 微型恐怖故事創作者

輸入提詞 微型恐怖故事創作者，主題：夜晚，二句話的恐怖故事。

在漆黑的夜晚，你醒來時發現身旁的床上並沒有人——但床墊卻仍然是溫暖的。窗外傳來一聲微弱的敲擊聲，隨後門把開始緩緩地轉動。

這兩句話勾勒出了一個讓人不寒而慄的場景，突顯了夜晚中未知與孤獨的恐懼感。

2.6 機器學習與 AI 應用

2.6.1 ML/AI 語言模型導師

輸入提詞 告訴我如何從零基礎學好 AI 機器學習程式開發，請幫我規劃學習計劃。

要從零基礎學好 AI 機器學習程式開發，可以按照以下學習計劃來進行。這個計劃分爲幾個階段，從基本概念到實踐應用，逐步提升你的技能。

第一階段：打好基礎（1-2 個月）

1. **學習基礎數學：**
   - **線性代數**：了解矩陣、向量、特徵值和特徵向量等基本概念。
   - **微積分**：重點掌握導數、偏導數、梯度下降等概念，因爲它們在機器學習中扮演重要角色。
   - **機率與統計**：熟悉機率分布、隨機變量、期望值等基礎知識。
2. **推薦資源：**
   - Khan Academy
   - MIT OpenCourseWare

2.7 結語

本章旨在幫助讀者在 AI 技術的學習和應用過程中打破思維限制，找到創新的靈感和實際可行的點子。透過 28 個實例，涵蓋了編程與開發、數據處理、學術寫作、語言翻譯、創意生成和機器學習等多個領域，讀者將學會如何運用 ChatGPT 在不同的實際場景中找到解決方案，並激發更多創意。鼓勵讀者利用這些案例作為靈感的源泉，從而實現自我突破，並在 AI 應用中脫穎而出。

CHAPTER 3

將免費 ChatGPT 運用到極致

隨著人工智慧技術的迅速發展，ChatGPT 作為一種強大的語言模型，為我們提供了無限的可能性。無論是簡單的語法修正，還是複雜的商務計畫擬定，ChatGPT 都能在各種場景中發揮其強大的能力，成為我們工作和生活中不可或缺的助手。如果你還沒有付費訂閱，其實目前只需要註冊就能登入使用了，雖然會有些限制，還是非常值得一試。

本章節旨在幫助讀者全面了解，該如何運用 ChatGPT 的各種功能，從初級應用到進階操作，讓您能夠在不同的需求情境下，將這項免費工具的潛力發揮到極致。無論您是初次接觸這項技術的一般使用者，還是尋求提升工作效率的在職工作者，亦或是需要高效管理與決策的管理者，透過範例解說與實作幫助您更好地掌握並運用 ChatGPT。

3.1 語法修正：提升各種場景的語法精準度

在現代日常和商務環境中，清晰且精準的語言表達是成功溝通的關鍵。不論是撰寫商務文件、參加會議，還是與客戶交流，語法的準確性直接影響訊息的傳達效果。然而，許多在職工作者、管理者以及對 ChatGPT 有高度期待的使用者，經常因語法結構不當而導致溝通障礙和誤解。

透過精準應用 ChatGPT 進行提詞，學習如何簡化句子結構，使其更加簡潔有力，您將能夠更自信地應對各種商務交流挑戰，提升整體工作效率和溝通效果。

範例一 修正句子結構

輸入提詞 原始句子：「他在參加客戶會議的時候，不小心說錯了話，導致了誤解。」幫我修正句子結構，列出原始句子，修正後句子與修正項目及說明修正理由。

原始句子：「他在參加客戶會議的時候，不小心說錯了話，導致了誤解。」

修正後句子：「他在客戶會議中不小心說錯了話，結果導致了誤解。」

修正項目及說明修正理由：

1. **語序調整**：將「在參加客戶會議的時候」改爲「在客戶會議中」，使句子更流暢自然。
2. **結構簡化**：將「導致了誤解」改爲「結果導致了誤解」，增加了句子的邏輯連貫性。

這樣的修正讓句子更直接清晰，同時保留了原始句子的意思。

提詞說明 提詞結構簡單，先把原始句子放在最前面，接著給出目的“幫我修正句子結構”，最後明確定義輸出要有三項，包括修正後句子、修正項目及說明修正理由。您可以將需要進行語法修正的內容放在最前面的「」符號內，這是一個萬用的提詞。可能的應用場景包括但不限於商務往來信件、商務編輯和校對、公文寫作等。

範例二 更正拼寫錯誤

輸入提詞 原始句子：「我很喜歡阅讀原文書籍，特別是電腦與科技方面的。」幫我更正拼寫錯誤，列出原始句子，修正後句子與修正項目說明。

原始句子：「我很喜歡阅讀原文書籍，特別是電腦與科技方面的。」

修正後句子：「我很喜歡閱讀原文書籍，特別是電腦與科技方面的。」

修正項目說明：

- 將「阅讀」改爲「閱讀」：「閱讀」是正確的繁體中文詞彙，表示閱讀文字或書籍的行爲。
- 句中其他部分無語法或用詞錯誤，修正後句子保留了原始句子的意思並正確使用了詞彙。

提詞說明 先把原始句子放在最前面，接著說明目的，例如“幫我更正拼寫錯誤”。最後明確定義輸出內容應包括三項：修正後句子、修正項目及說明修正理由。您可以將需要更正的內容放在最前面的「」符號內。

範例三 改進句子流暢度

輸入提詞 原始句子：「他是個很好的運動員，他受過很多獎勵。」幫我改進句子流暢度，列出原始句子，修正後句子與與修正項目說明。

原始句子：「他是個很好的運動員，他受過很多獎勵。」

修正後的句子：「他是一位出色的運動員，曾獲得多項獎勵。」

修正項目說明：

1. **運動員改爲出色的運動員**：這樣可以更生動地描述他的運動才能，使句子更具形象化。
2. **受過很多獎勵改爲曾獲得多項獎勵**：這樣更正式且流暢地表達了他的成就。

提詞說明 先將原始句子放在最前面，接著說明目的“幫我改進句子流暢度”。最後明確定義輸出格式總共三項，包括修正後句子、修正項目及說明理由。

3.2 文章整理：提升文章整理效率和品質

在我們的日常工作中，經常需要處理各類文章，這些內容常常混合中英文，挑戰著我們的整理效率和準確性。接下來提供三個應用範例與其中的技巧，你將會發現「原來 ChatGPT 還能這樣使用」。

首先，讓我們來看希臘羅馬神話故事書目的例子。這些書目包括了許多中英文的標題，如《諸神的起源》、《奧林帕斯山眾神》、《宙斯之怒》等。我們可以透過精準的 ChatGPT 應用，輕鬆地將中文和英文部分分別提取出來，從而有效解決傳統複製貼上和排版的問題，提升整體工作效率。

範例一 分類文章中的語言

輸入提詞 請幫我提取下面文字，將中文文字提取，同時把英文去除並呈現，接著再把英文文字提取並寫在下面一段。

1. 諸神的起源 (TheOriginofGods)
2. 奧林帕斯山眾神 (TheGodsofOlympus)
3. 宙斯之怒 (TheAngerofZeus)
4. 大力士海克力斯 (Hercules)
5. 歐羅巴和卡德莫斯 (EuropaandCadmus)
6. 特洛伊戰爭 (TheTrojanWar)
7. 愛神和賽姬 (ErosandPsyche)
8. 阿波羅和達芙妮 (ApolloandDaphne)
9. 宙斯的眾情人 (Zeus'sLovers)
10. 阿波羅戰車 (Apollo'sChariot)
11. 點石成金 (TheMidasTouch)
12. 美少年納西瑟斯 (NarcissusandEcho)

這裡是根據您提供的文本提取的中英文訊息：

中文部分：

1. 諸神的起源
2. 奧林帕斯山衆神
3. 宙斯之怒
4. 大力士海克力斯
5. 歐羅巴和卡德莫斯
6. 洛伊戰爭
7. 愛神和賽姬
8. 阿波羅和達芙妮
9. 宙斯的衆情人
10. 阿波羅戰車
11. 點石成金
12. 美少年納西瑟斯

英文部分：

1. The Origin of Gods
2. The Gods of Olympus
3. The Anger of Zeus
4. Hercules
5. Europa and Cadmus
6. The Trojan War
7. Eros and Psyche
8. Apollo and Daphne
9. Zeus's Lovers
10. Apollo's Chariot
11. The Midas Touch
12. Narcissus and Echo

提詞說明 這個範例，我們的目的是為了要將文本中的中文與英文單獨的提取出來，所以我們首先將問題進行拆解成二個任務，讓自然語言模型更容易的處理，第一個是“將中文文字提取，同時把英文去除並呈現”，第二個是“把英文文字提取並寫在下面一段”，以往這種文字處理，需要人工逐段的複製再貼上，要重複好幾回的事，我們利用 ChatGPT 強大的文本處理能力就可以輕鬆完成，是不是很神奇呢！

範例二 挑戰複雜一點的文章

輸入提詞 這是十大經典電影勵志中英文台詞語錄請幫我提取下面文字，將所有中文文字提取，同時把英文去除並呈現，輸出保持原始內容，接著再把所有英文文字提取並寫在下面一段，輸出保持原始內容。1、堅持做對的事，永遠不會錯。- 電影【高年級實習生】Youareneverwrongtodotherighthing.2、音樂家不會退休，直到心中沒有音樂才會停止。- 電影【高年級實習生】Musiciansdon’tretire;theystopwhenthere’snomoremusicin them.3、經驗永遠不會過時。- 電影【高年級實習生】Experienceneverg oesoutoffashion.4、人們可以說我不會唱歌，但沒有人能說我沒唱過。- 電影【走音天后】PeoplemaysayIcan'tsingbutnoonecaneversayIdidn'ts ing.

提取的中文文字如下：

1、堅持做對的事，永遠不會錯。- 電影【高年級實習生】

2、音樂家不會退休，直到心中沒有音樂才會停止。- 電影【高年級實習生】

3、經驗永遠不會過時。- 電影【高年級實習生】

4、人們可以說我不會唱歌，但沒有人能說我沒唱過。- 電影【走音天后】

提取的英文文字如下：

1、You are never wrong to do the right thing.

2、Musicians don't retire; they stop when there's no more music in them.

3、Experience never goes out of fashion.

4、People may say I can't sing but no one can ever say I didn't sing.

提詞說明 這個範例主要告訴大家，不必擔心處理的數據內容雜亂無章，這就是 AI 自然語言神奇的地方，透過我們精準的用詞，把平常需要花費許多人工的事變的更簡單更聰明。

範例三 資料斷詞處理

對於經常從事自然語言處理的人來說，斷詞是再熟悉不過的基本操作。斷詞的品質會直接影響模型訓練的效果。在日常工作中，我們有許多情況需要進行斷詞。例如在會議記錄中，有時我們使用錄音筆或線上轉出的逐字稿，這些檔案可能沒有進行斷詞、斷句或添加標點符號，此時就可以交給 ChatGPT 來處理。一起來看看 ChatGPT 如何幫助我們精確地進行斷詞，使文本變得更加清晰且易於閱讀。

輸入提詞 請將下面中文與英文內容逐項檢視並修改成有標點符號和斷句的文章，不需要做語言轉換。人工智慧是現代科學和技術中的一個重要領域它探討如何使計算機系統能夠執行需要人類智慧的任務這包括語音識別視覺感知自然語言處理和決策制定等領域人工智慧的目標是創建具有類似於人類智能的計算機系統這樣的系統可以理解學習應對不同情境並解決各種問題。

Thestockmarketperformedpoorlyintoday'stradingwithmajorindicesexperiencingdeclinesthatleftinvestorsconcernedTheDowJonesIndustrialAveragefellby100pointsclosingat35000pointsTheNasdaqCompositeIndexalsodroppedby2%endingthedayat14000pointsAnalystsbelievethattherecentmarketvolatilitymaybeduetotradeuncertaintiesandinflationarypressuresHowever,someinvestorsremainoptimisticseeingthisasanopportunityforlong-terminvestment

人工智慧是現代科學和技術中的一個重要領域。它探討如何使計算機系統能夠執行需要人類智慧的任務。這包括語音識別、視覺感知、自然語言處理和決策制定等領域。人工智慧的目標是創建具有類似於人類智能的計算機系統。這樣的系統可以理解、學習、應對不同情境並解決各種問題。

The stock market performed poorly in today's trading, with major indices experiencing declines that left investors concerned. The Dow Jones Industrial Average fell by 100 points, closing at 35,000 points. The Nasdaq Composite Index also dropped by 2%, ending the day at 14,000 points. Analysts believe that the recent market volatility may be due to trade uncertainties and inflationary pressures. However, some investors remain optimistic, seeing this as an opportunity for long-term investment.

3.3 專業的面試題：提升招聘效率，精準評估應聘者能力

找到合適的人才對每個企業來說都是至關重要的挑戰。然而，設計出既能準確評估應聘者能力，又能體現公司核心價值的面試問題，往往並非易事。為了簡化這一過程，我們可以利用 ChatGPT 來幫助你生成專業的面試問題。透過這個工具，你可以快速生成針對不同職位、不同技能需求的面試題，不僅節省了大量時間，還能確保面試過程的專業度和完整性。

無論你是在尋找技術專才、管理人才，還是具備創新思維的專業人士，ChatGPT 都能為你量身打造問題，幫助你深入了解應聘者的專業能力、問題解決能力，以及適應能力。這不僅提高了招聘效率，還為企業找到合適的候選人提供了有力的支持。

範例

輸入提詞 你是台積電的 AI 工程師面試官，請分享 5 個面試 AI 工程師時，最容易遇到的專業性問題。

面試 AI 工程師時，最常遇到的專業性問題通常涵蓋以下幾個方面：

1. **機器學習基礎知識詢問：**
   - 機器學習算法選擇：例如在特定情境下，面試官可能會問及你會選擇哪種機器學習算法來解決一個具體的問題，並要求解釋你的選擇理由。
   - 機器學習模型評估：問題可能會涉及如何評估模型的性能，包括常見的評估指標如準確率、精確率、召回率等。

提詞說明 實際操作時，可以把「AI 工程師」換成您要面試的職缺人才，例如人事專員、廣告企劃、行政總務管理、系統管理人員等等。

NOTE

除了產生面試題外，我們還可以請 ChatGPT 產生關於這些問題的模擬回答，讓您接收到面試者的回覆時，有一個標準答案可以參考，以評估是否達到一定水準。您可以繼續下這個提示詞➡並告訴我這些問題的合理回答內容。

3.4 撰寫職缺內容：撰寫出色的職缺描述，以吸引各領域的優秀人才

在當今職場中，面對急速變化的市場需求與激烈的競爭，招聘合適的人才變得尤為重要。作為主管，不論是經理級別還是更高層級，你都會面臨撰寫職缺內容以吸引優秀候選人的挑戰。職缺內容不僅是招聘的第一步，更是吸引人才的關鍵因素之一。撰寫一份精準且具吸引力的職缺內容，不僅能提升招聘效率，還能確保找到合適的人才來填補部門的空缺。

此外，作為人力資源專業人士，學會撰寫有效的職缺內容也是一項至關重要的技能。當你能夠主動協助需求單位優化職缺描述時，不僅能提升你的專業價值，還能讓你的服務更受到認可與讚賞。這不僅大幅提升了你的職場價值，還能為你在職場中創造更多機會和贏得更多尊重。

範 例 一

輸入提詞 你現在是人力資源專家，請幫我撰寫有關 AI 演算法開發的職缺內容，幫助我吸引優秀的人才。

職位名稱：AI 演算法工程師

公司介紹：

[公司名稱] 是領先業界的科技創新公司，專注於利用人工智慧技術改善商業流程和生活品質。我們的團隊致力於開發先進的機器學習模型和演算法，推動技術界限並實現創新解決方案。

職位描述：

作爲 AI 演算法工程師，您將與我們的數據科學團隊緊密合作，負責設計、開發和實現先進的演算法來解決實際問題。您將使用最新的 AI 技術，如深度學習和機器學習，以提升我們的產品性能和服務效率。

主要職責：

1. 研究和開發創新的 AI 演算法和模型。
2. 分析和處理大規模數據集，以提取有用的業務見解。

提詞說明 這個職缺廣告突出了技術要求和團隊合作的重要性，同時也強調了公司文化和提供的福利，這對於吸引具有高度專業技能的人才非常關鍵。

範例二

輸入提詞 你現在是人力資源專家，請幫我撰寫有關保健食品相關電子商務行銷企劃的職缺內容，幫助我吸引優秀的人才。

職位名稱：電子商務行銷企劃經理

公司介紹：

[公司名稱] 是一家專注於自然和有機保健食品的領先電商平台。我們致力於提供高品質、營養豐富的產品，幫助客戶達到更健康的生活方式。我們的團隊熱情且專業，致力於創新和客戶滿意。

職位描述：

作爲電子商務行銷企劃經理，您將領導行銷團隊，並負責策劃和執行整體的線上行銷策略。您將與跨部門團隊合作，創造和實施創新的行銷活動，以增加品牌知名度、推動銷售並提升客戶忠誠度。

主要職責：

1. 制定和執行全面的線上行銷策略，包括 SEO、SEM、電子郵件行銷、社交媒體和內容行銷。

提詞說明 這份職缺廣告清晰地界定了職位的範圍和期望，同時也突出了公司文化和員工福利，這將有助於吸引對該領域有熱情和相關經驗的專業人才。

3.5 重點摘要：提升訊息處理效率的技巧

在快速變化的資訊時代，能夠迅速從大量資料中提取關鍵訊息是一項至關重要的技能。無論你是學生、專業人士，還是任何需要處理複雜資訊的人，掌握如何利用 ChatGPT 進行重點摘要將大幅提高你的效率，並幫助你更精準掌握重要內容。這不僅能節省時間，還能增強你對訊息的理解與運用。

我們將透過實際案例展示如何利用 ChatGPT 進行有效的重點摘要。這些案例涵蓋了學術文章、商業報告和新聞報導等常見的文本類型，幫助你學會從不同類型的內容中提取關鍵訊息。以下我們將分別探討這三個案例。

範例一 學術文章摘要

輸入提詞 請幫我總結以下學術文章的主要研究成果和結論。以下是文章內容：[在這裡貼上文章片段]。請重點提及研究目的、主要發現和研究結論。

完整範例 請幫我總結以下學術文章的主要研究成果和結論。以下是文章內容：本研究探討了深度學習技術在醫療影像診斷中的應用。透過分析 3000 個病人的 CT 影像，模型成功地將肺癌診斷準確率提高了 15%。實驗結果顯示，深度學習模型在早期病變識別方面具有顯著優勢。此外，該研究還提出了一種新的數據預處理方法，能夠進一步提升模型的預測性能。

這篇學術文章的主要研究成果和結論如下：

1. 研究成果：
   - 本研究成功地應用了深度學習技術於醫療影像診斷，特別是在 CT 影像的肺癌診斷中。
   - 透過對 3000 個病人的 CT 影像分析，該深度學習模型將肺癌診斷的準確率提高了 15%。
   - 研究中提出了一種新的數據預處理方法，此方法能夠進一步提升深度學習模型的預測性能。
2. 研究結論：
   - 深度學習模型在識別早期病變方面顯示出顯著的優勢，這點在醫療診斷特別重要，因爲早期發現病變對於提高治療成功率至關重要。

範例二 商業報告摘要

輸入提詞 請幫我擷取以下商業報告的關鍵數據和趨勢分析。以下是報告內容：[在這裡貼上報告片段]。請包括銷售數據、主要趨勢和業務建議。

完整範例 請幫我擷取以下商業報告的關鍵數據和趨勢分析。以下是報告內容：在本季度，我們的產品 A 銷售額增長了 20%，達到了 3000 萬美元，主要受到新市場開發的推動。市場調研顯示，消費者對產品 B 的需求增加了 25%，預計將成為下一季度的增長點。建議公司加大對產品 B 的推廣力度，並在新市場進一步擴展業務。請包括銷售數據、主要趨勢和業務建議。

這份商業報告的關鍵數據和趨勢分析如下：

1. **產品 A 銷售增長**：
   - 本季度，產品 A 的銷售額達到 3000 萬美元，較上一季度增長了 20%。
   - 銷售增長主要由新市場開發所推動，表明進入新市場的策略有效且有益於業務擴展。
2. **產品 B 市場需求**：
   - 市場調研顯示，消費者對產品 B 的需求增加了 25%，這表明產品 B 具有很高的市場接受度和潛在增長機會。

範例三 新聞報導摘要

輸入提詞 請幫我從以下新聞報導中萃取主要事件和重要細節。以下是新聞內容：[在這裡貼上新聞報導片段]。請包括事件的基本情況、影響及任何後續措施。

完整範例 請幫我從以下新聞報導中萃取主要事件和重要細節。以下是新聞內容：昨晚，某城市發生了 5.8 級地震，造成了至少 50 人遇難，200 人受傷。震中位於市區東南部，數十棟建築物受損。當局已經啟動緊急救援程序，並呼籲居民避開受損區域。政府表示將提供援助並評估損失情況。請包括事件的基本情況、影響及任何後續措施。

新聞報導的主要事件和重要細節如下：

1. **主要事件** **：昨晚，某城市發生了 5.8 級地震。

2. 人員傷亡：

- 地震導致至少 50 人遇難。
- 有 200 人受傷。

3.6 加速學習新知：迅速掌握新的領域或主題

在當前訊息爆炸的時代，快速學習新知識和技能變得至關重要。利用 ChatGPT 這一先進的語言模型，你可以顯著提升學習效率，迅速掌握新的領域或主題。無論你是想深入了解某個專業領域，還是想學習新的技能，ChatGPT 都能成為你的強大助手，幫助你在最短時間內獲取關鍵知識，讓學習變得更有效率、更有趣。

範例一 進行主題介紹

讓 ChatGPT 生成基礎的介紹或概述。這可以幫助你快速了解一個新的領域或主題的基本概念和重要訊息。**輸入提詞** 請給我一個關於量子計算的基礎介紹，包括它的基本概念和主要應用領域。

量子計算是一種利用量子力學原理來執行計算的技術。它與傳統的數位計算機有顯著的不同，主要表現在處理和存儲資訊的方式上。以下將為您提供一個關於量子計算的基礎介紹，包括其基本概念和主要應用領域。

基本概念

1. 量子位 (Qubit)：

   傳統的計算機使用位元 (bits) 作為資訊的基本單位，每個位元代表一個 0 或 1。而量子計算機使用量子位，或稱為 Qubit，它可以同時處於 0 和 1 的狀態，這種特性稱為「疊加」(Superposition)。

範例二 進行主題深入研究

輸入更具體的問題，要求 ChatGPT 對某個主題進行深入解析。這有助於你理解更複雜的概念和細節，並獲得實用的知識，**輸入提詞** **我想了解機器學習中的過擬合問題。請詳細解釋什麼是過擬合，它的原因，以及如何防止過擬合。**

過擬合 (Overfitting) 是機器學習中一個常見問題，特別是在訓練複雜模型時。過擬合發生時，模型對訓練數據學習得過於精確，包括了訓練數據中的噪音和異常值，從而導致模型在新的、未知的數據上表現不佳。這種情況類似於學生只針對考試題目進行記憶，而忽略了真正理解學科的本質。

過擬合的原因

1. **模型過於複雜：**
   當模型的參數過多，超過了數據本身所能支持的複雜度時，模型就容易學習到數據中的"噪音"而非潛在的規律。

範例三 進行技能實踐與應用

生成實踐練習題或應用範例，幫助你將學到的知識應用於實際情境中。請 ChatGPT 提供問題解答或範例，來檢查你的理解程度並加強學習效果。**輸入提詞** **請給我一些有關 Python 編程的練習題，並提供答案和解釋，幫助我加強對 Python 基礎知識的理解。**

當然可以！這裡提供幾個不同難度的 Python 編程練習題，包括答案和相應解釋，幫助您加強對 Python 基礎知識的理解。

練習題 1: 求列表的最大值

問題：給定一個整數列表，編寫一個函數來找出其中的最大值。

解答：

```python
def find_max(numbers):
    max_number = numbers[0]  # 假設第一個數字是最大的
    for number in numbers:
        if number > max_number:
            max_number = number
    return max_number
```

3.7 市場比較分析：快速獲得有關市場趨勢，提升你的市場洞察力

在當今競爭激烈的市場環境中，企業和個人都需要及時掌握市場動態和競爭對手的情況，以制定有效的策略和決策。利用 ChatGPT 進行市場比較分析，可以幫助你迅速獲取有關市場趨勢、競爭對手以及行業標準的關鍵訊息。這不僅使你的分析更加全面和深入，還能提供有力的數據支持，讓你在激烈的市場競爭中脫穎而出。

範例一 確定分析目標與範圍

在進行市場比較分析之前，首先要明確你的分析目標和範圍。這包括你希望了解的市場、競爭對手、產品或服務類型。**輸入提詞** **請幫我分析未來 3 年智慧型手機市場的主要趨勢，包括市場增長、主要競爭者和消費者偏好。**

智慧型手機市場是一個快速變化且極具競爭性的領域，未來三年內的主要趨勢可能會受到技術創新、消費者行爲變化、以及經濟全球化等多重因素的影響。以下是根據目前的市場狀況和預測，對未來三年智慧型手機市場的主要趨勢分析：

1. 市場增長：

   - 預計智慧型手機市場將持續成長，但增長速度可能會有所放緩。這部分是因爲許多已開發國家的市場逐漸飽和，新的增長動力將來自於新興市場國家，如印度和非洲的某些地區，這些地區的普及率還有很大的提升空間。

範例二 收集和分析競爭對手訊息

收集和分析競爭對手的訊息，包括他們的產品、定價策略、優勢和劣勢。

輸入提詞 請比較蘋果和三星在智慧型手機市場上的主要優勢和劣勢，包括產品特性、定價策略和市場佔有率。

蘋果（Apple）和三星（Samsung）都是全球智慧型手機市場的主要競爭者，各有其獨特的策略和市場地位。下面是對這兩家公司在智慧型手機市場上的主要優勢和劣勢的比較，包括產品特性、定價策略和市場佔有率：

產品特性

蘋果（Apple）：

- **優勢：**蘋果的 iOS 操作系統提供流暢且一致的用戶體驗，並且在安全性上具有很高的評價。iPhone 的設計簡潔且具有高識別度，硬件和軟件的整合度極高，特別是在處理器性能方面通常領先市場。

範例三 評估市場趨勢和機會

了解市場的未來趨勢和潛在機會，並進行行業趨勢分析和機會識別。

輸入提詞 請描述未來 3 年，新能源汽車市場的主要趨勢和未來的增長機會。

新能源汽車（NEV）市場正處於快速發展階段，未來三年內，預計將持續見證多項創新和增長。隨著全球對減少碳足跡和提高能源效率的需求增加，新能源汽車的推廣與採用將進一步加速。以下是未來三年新能源汽車市場的主要趨勢和增長機會：

主要趨勢

1. **電動車（EV）技術的進步：**
   - 電池技術將繼續進步，特別是在能量密度和充電速度上。固態電池的商業化可能會開始實現，這將大幅提升電動車的續航里程和安全性。

3.8 進行複雜的數學運算：同時理解數學概念和步驟

數學運算是許多領域中的核心技能，無論是科學研究、工程設計，還是商業分析。在處理複雜的數學問題時，ChatGPT 可以成為你有力的助手。

範例 分析家庭月支出模式

假設你希望了解家庭的月支出模式，以便有效地制定預算和管理財務。你有一個包含過去六個月支出的數據集，這些支出包括食品、交通、娛樂、租金和其他日常開支。你想要分析這些數據，以了解各類支出的平均數、中位數、變異數和標準差，並找出支出最大的類別。先將下面範例資料集內容提交 ChatGPT。

輸入提詞 以下是過去六個月的家庭支出數據，請先記著，先不用回覆我。

- 食品：3,000、3,200、2900、3100、2800、3300
- 交通：1500、1600、1400、1550、1650、1700
- 娛樂：1000、1200、1100、1300、1400、1250
- 租金：12000、12000、12000、12000、12000、12000
- 其他：500、600、550、650、700、600

輸入提詞 請幫我計算每一類支出的平均數、中位數、變異數和標準差，並找出支出最多的類別。

根據您提供的數據，以下是各類別支出的統計資訊：

1. 食品
    - **平均數**：3050.0 元
    - **中位數**：3050.0 元
    - **變異數**：29166.67 元 ^{2}
    - **標準差**：170.78 元

輸入提詞 請幫我計算每一類的變異數和標準差，以了解各類支出的變異程度。

以下是您提供的數據中各類支出的變異程度，包括變異數和標準差：

1. 食品
    - **變異數**：29166.67 元 ²
    - **標準差**：170.78 元

輸入提詞 請幫我計算每一類支出的平均數，並給出建議如何根據這些數據進行預算分配。

支出平均數

- **食品**：3050.0 元
- **交通**：1566.67 元
- **娛樂**：1208.33 元
- **租金**：12000.0 元
- **其他**：600.0 元

預算分配建議

基於這些平均數值，我們可以進行以下預算分配建議：

1. **租金**：由於租金是固定支出，這部分的預算應保持不變。

3.9 客服案件回覆：更有效地處理客戶查詢和問題

客戶服務是提升企業形象和顧客滿意度的關鍵之一。然而，處理大量的客服案件往往繁瑣且耗時。透過自動化處理常見問題、生成快速回應模板，以及提供即時解決方案，ChatGPT 不僅能夠減輕客服團隊的負擔，還能確保客戶獲得一致且高品質的服務體驗，進一步增強企業的競爭力。

輸入提詞 退貨政策，退貨期限，購買的商品必須在收到貨物後的 [30 天] 內申請退貨。我們會接受在此期限內的退貨請求。退貨條件，商品必須保持原始狀態，包括原包裝、未使用、未損壞、原標籤和配件。請確保商品包裝完整，並且沒有任何損壞或使用痕跡。退貨流程，請聯繫我們的客服部門，提供訂單號和退貨原因，我們將提供退貨授權碼 (RMA)。使用我們提供的退貨授權碼將商品寄回到我們指定的退貨地址。退貨地址和寄回流程會在客服回覆中提供。退貨郵寄費用由客戶承擔，除非商品有瑕疵或錯誤發貨。退款處理一旦我們收到退回的商品並確認其符合退貨條件，我們將在 [7-10 個工作日] 內處理退款。退款將透過原支付方式退還至您的帳戶。請注意，退款時間可能會因支付方式而異。**上面是公司的退貨政策，下面是客戶提問**：您好，我最近在您們的網站上購買了一件外套，但收到後發現尺寸不合適。我想退貨，但是我知道訂單已經超過了 30 天的退貨期限。請問我可以怎麼辦？我該如何進行退貨？**請依照公司的退貨政策，生成回覆內容。**

您好！非常抱歉聽到您對購買的外套尺寸不滿意。根據我們的退貨政策，商品必須在收到貨物後的 30 天內申請退貨。雖然您的訂單已經超過了這一期限，我們仍願意盡力為您提供幫助。

請您提供訂單號和購買商品的詳細訊息，我們會評估是否可以為您提供特殊的退貨處理。雖然通常我們無法接受超過退貨期限的申請，但我們會考慮商品的狀況和您的具體情況，看是否有可能作出例外。

若有任何其他疑問或需要進一步協助，請隨時聯繫我們的客服部門。我們一直致力於為客戶提供滿意的服務，並會盡力解決您的問題。感謝您的理解與合作！

3.10 祕書與行政小幫手

ChatGPT 可以成為祕書或行政小幫手，協助你提升處理商務往來信件的效率與專業度。商務信件通常需要迅速、準確地處理，以確保有效的溝通與業務進展。下面將介紹安排與更改會議行程的作法，包括另外生成英文與日文的信件內容。

範例一 安排拜訪行程

輸入提詞 你現在是專業祕書，請幫我寫一封商務信件給台灣太陽能公司黃祕書，同時翻譯並產生日文與英文版本，我們公司是第一儲能有限公司，我是業務張明達經理，信件內容是我們公司業務處包括我總共三位，希望於 10 月 10 日，上午 10 點前往拜訪台灣太陽能公司王總經理，洽談合作事宜，預計 2 小時，請黃祕書協助安排並確認上述時間是否可以。

中文版本

黃祕書：

您好！我是第一儲能有限公司的業務經理，張明達。我們公司業務團隊包括我在內共有三位成員，希望於 10 月 10 日上午 10 點，前往貴公司拜訪王總經理，洽談可能的合作事宜。預計會談時間爲 2 小時。

煩請協助確認王總是否有空接待我們，以及上述時間是否適合。期待您的回覆，並請協助安排相關會議事宜。感謝您的幫助！

祝 商祺，

張明達

業務經理

第一儲能有限公司

黄祕書様：

こんにちは。第一貯蔵エナジー株式会社の営業マネージャー、張明達と申します。私を含む当社の営業チーム 3 名は、10 月 10 日午前 10 時に貴社の王総経理にお会いし、協力事項について話し合いたいと考えています。予定されている会議の時間は 2 時間です。

王総経理がお会いできるかどうか、そして上記の時間が都合がいいかどうかを確認していただけますでしょうか。ご返信をお待ちしております。会議の準備をお願いできればと思います。お手数をおかけしますが、よろしくお願い申し上げます。

敬具
張明達
営業マネージャー
第一貯蔵エナジー株式会社

Dear Secretary Huang,

I hope this message finds you well. I am Zhang Mingda, the Sales Manager at First Storage Energy Ltd. Our sales team, including myself, totalling three members, would like to visit your esteemed company and meet with General Manager Wang on October 10th at 10:00 AM to discuss potential collaboration. We anticipate the meeting will last approximately two hours.

Could you kindly confirm whether General Manager Wang is available at that time and if the proposed timing suits him? We look forward to your confirmation and assistance in arranging this meeting. Thank you for your support.

Best regards,
Zhang Mingda
Sales Manager
First Storage Energy Ltd.

範例二 更改拜訪行程通知

輸入提詞 會議時間由原來的 10/10 更改爲 10 月 5 日，時間不變，請幫我產生會議更正通知商務信件，同時產生日文與英文版本。

中文版本

黃祕書：

您好！感謝您先前對於會議安排的協助。由於我們公司的行程有所調整，原定於 10 月 10 日的會議需要更改時間。我們希望能夠將會議時間提前至 10 月 5 日上午 10 點，會議地點及會談內容不變，預計會談時間爲 2 小時。

煩請您協助確認王總在新的時間是否方便，並請重新安排會議。對於給您帶來的不便，我們深表歉意，並感謝您的理解與協助。

3.11 文字魔法－隔空取物

現在，從雜亂無章的文件中提取關鍵資訊變得輕鬆多了。以往，我們需要花費大量人力，一頁一頁地掃描，再逐一複製貼上進行整理，這是一項繁重的工作。如今，只需一條指令，就能迅速找到所需訊息，並且還能將這些訊息整理成表格。更令人驚嘆的是，ChatGPT 還可以自動修正特定資訊，例如統一格式化電話號碼。

以下的範例和指令展示了如何操作，即使你處理的內容混雜著不同的客訴案件，沒有排版且手機號碼格式各異，最後也能交給 ChatGPT 進行清理，並將結果轉為表格呈現。這不僅節省了時間，也大大提升了工作效率，讓資料處理變得簡單又有效率。

輸入提詞 下面是我收集的客訴相關內容，請將下面信件內容中的人名與聯絡資訊、問題，擷取出來，聯絡資訊欄位格式統一成“XXXX-XXX-XXX”，並以表格方式呈現，需要有項次。

客訴案件內容：

我是貴公司的忠實客戶，最近購買了貴公司的產品。然而，我對於產品的品質和服務非常不滿。我購買的產品是一個名為「AI 智能音箱套件」的產品，編號為 A12345。陳先生（0982-743-621）和我的朋友劉小姐（0938765-432）都能證明這一點。在使用不到一個月的時間內，我發現音箱的操作出現了嚴重的問題。音箱在導航、播放音樂和設置提醒等功能方面表現非常不穩定，無法正常運作。我多次與貴公司的客戶服務部門聯繫，但始終未能得到令人滿意的解決方案。我要求更換一個新的音箱，但客戶服務部門拒絕了我的要求。蔡先生（0973-334-987）也遇到了類似的問題。此外，我還要求退貨，但客戶服務部門告知我，產品售出後不提供退貨服務。客戶服務部門沒有向我提供任何關於維修或退款的具體訊息。我多次致電客戶服務部門，楊先生（0933445666）和謝小姐（0944555777）也和我一樣，無法聯繫到相關人員。

下面紅框內聯絡資訊的手機號碼依照需求格式統一了。

以下是您提供的客訴信件內容中的人名與聯絡資訊、問題的提取，並以表格方式呈現：

項次	人名	聯絡資訊	問題描述
1	陳先生	0982-743-621	作爲證人，能證明「AI 智能音箱套件」產品質量問題。
2	劉小姐	0938-765-432	作爲證人，能證明「AI 智能音箱套件」產品質量問題。
3	蔡先生	0973-334-987	遇到了類似的問題，即「AI 智能音箱套件」產品在使用不到一個月內，操作出現嚴重問題，無法正常工作。
4	楊先生	0933-445-666	多次致電客戶服務部門無法聯絡到相關人員，遇到類似的問題。
5	謝小姐	0944-555-777	多次致電客戶服務部門無法聯絡到相關人員，遇到類似的問題。

3.12 文字魔法－文章 / 會議紀錄總結

文章和會議紀錄的總結能夠幫助快速理解核心內容，節省時間並提高工作效率。文章總結的基本原則，理解主旨：抓住文章的核心主題和主要觀點。篩選重點：挑選出關鍵數據、論點和結論。簡潔表達：用簡明扼要的語言概括文章內容。

文章和會議紀錄的總結能夠幫助讀者快速理解核心內容，從而節省時間並提高工作效率。進行文章總結時，以下是基本原則：

1. **理解主旨**：首先要抓住文章的核心主題和主要觀點，確保理解文章的主旨和訊息。

2. **篩選重點**：挑選出文章中的關鍵數據、論點和結論，去掉次要或冗長的內容，聚焦於對理解整體內容最重要的部分。

3. **簡潔表達**：使用簡明扼要的語言來概括文章的內容，避免過多細節，以確保總結清晰易懂。

這些原則適用於文章和會議紀錄的總結，有助於快速掌握訊息要點，並有效提升工作效率。

通用提詞模板：

- 請幫我總結以下文章的主要內容和觀點：{ 這裡貼上您的文章內容 }
- 請幫我總結以下會議紀錄的主要議題和決議：{ 這裡貼上您的會議紀錄內容 }

進階提詞模板：

- 請根據以下文章內容生成一個重點摘要，涵蓋主要研究發現和結論：{ 這裡貼上您的文章內容 }

- 請將以下文章分段總結，每段總結不超過兩句話：{ 這裡貼上您的文章內容 }
- 請幫我總結以下文章的主要結論，並說明該結論對未來研究或應用的影響：{ 這裡貼上您的文章內容 }
- 請幫我總結以下會議紀錄的主要議題、討論內容和決議，並生成一份行動項目清單：{ 這裡貼上您的會議紀錄內容 }

3.13 解釋任何你想知道的事

利用 ChatGPT 這樣的強大工具，你可以輕鬆解釋各種你想知道的事情，無論是程式碼註解、語言學習，還是技術文檔的解釋，ChatGPT 都能提供幫助。以下是一些展示這個工具的強大功能的實際例子。

範例一 程式碼註解

輸入提詞 請幫我用繁體中文寫上程式註解，並且在第一行寫出程式的主題是什麼，請保留原始程式格式，包括縮排。

```
for i in range(1, 10):
        for j in range(1, 10):
                print("%d * %d = %d" % (i, j, i*j))
        print()
```

```
# 程式主題：九九乘法表

for i in range(1, 10): # 外層迴圈，i 從 1 到 9
    for j in range(1, 10): # 內層迴圈，j 也從 1 到 9
        print("%d * %d = %d" % (i, j, i*j)) # 輸出乘法結果，格式化字串用於格式化輸出
    print()  # 每完成一個 i 的迴圈，輸出一個換行，以便分隔不同的 i 值的乘法結果
```

範例二 SQL 語句註解

輸入提詞 下面是一個 SQL 語句，請幫我寫上程式註解，並且在第一行寫出程式的主題是什麼，請保留原始程式格式，包括縮排。select s_id,product_name,qty,price from orders where product_name ='A0001' order by s_id desc

```
-- 程式主題：查詢特定產品的訂單並按供應商 ID 降序排序
select s_id,              -- 選取供應商 ID
       product_name,      -- 選取產品名稱
       qty,               -- 選取訂購數量
       price              -- 選取產品價格
from orders               -- 從訂單表中選取
where product_name = 'A0001'   -- 條件：產品名稱為 'A0001'
order by s_id desc;    -- 結果按供應商 ID 降序排列
```

範例三 語言學習

ChatGPT 可以幫助用戶學習不同的自然語言，例如英語、中文、法語等。ChatGPT 可以生成包含單詞解釋、詞組、例句等的註解，以幫助用戶學習和理解語言。

輸入提詞 請解釋 [it's raining cats and dogs]，並給我 [3] 個英文例句與中文解說，記得中文翻譯不要直接翻。

「It's raining cats and dogs」是一個英文俚語，用來形容雨下得非常大，像是天空在傾瀉。這個表達方式非常生動，但實際上並無貓狗從天而降的意思，純粹是用來強調雨勢的強烈程度。

以下是三個使用這個俚語的英文例句，並附上中文解說：

1. English: "I forgot my umbrella, and when I stepped outside, it was raining cats and dogs!"
   Chinese: 我忘了帶傘，一走出門就遇到了傾盆大雨！

範 例 四 **用不同年齡層、不同職階及你所面對的任何受衆目標，聽得懂的話來解釋名詞或技術。**

輸入提詞 請用讓小學生聽得懂的話來解釋「GPU 晶片」。

「GPU 晶片」可以想像成電腦裡的一位非常厲害的畫家。當你在玩電腦遊戲或看動畫影片時，GPU 晶片就像是在迅速地畫出一幅又一幅畫面，讓你看到流暢且漂亮的影像。

就像你在畫畫時需要筆和顏料一樣，GPU 晶片也需要許多小小的部件和程序來創造這些畫面。它比電腦的大腦（CPU）更擅長處理看得見的圖像和影片，所以當需要顯示很多細節或很多動作的時候，GPU 就派上用場了。

3.14 創意發想

進行創意發想，無論是撰寫程式、創作文案，還是寫作詩詞。可以協助我們激發靈感並實現創意。

範 例 一 **寫程式**

輸入提詞 你是 python 語言專家。請幫我寫從 YouTube 下載影片的程式碼，下載網址是 https://youtu.be/AyEa1VIn3uA，請放心，這個下載是我自己的影片。

首先，你需要安裝 youtube_dl，可以使用 pip 來安裝：

```bash
pip install youtube-dl
```

以下是使用 youtube_dl 的 Python 程式碼示例：

```
pyhton

import youtube_dl

def download_video(url):
    ydl_opts = {
        'format': 'bestaudio/best',  # 選擇最佳品質
        'postprocessors': [{
```

範例二 創作歌詞

輸入提詞 你是作詞作曲專家，我想要你幫我創作歌詞與作曲。曲風是舒情，內容是描述回憶高中生活的點點滴滴，與朋友一起吃喝玩樂、一起搞叛逆、一起打籃球的美好回憶與濃厚的友情。

歌名：《時光的畫卷》

第一段：
在那籃球場上揮灑的汗水，
你和我，肩並肩戰鬥的日子多麼燦爛。
高聲笑著，每一天像不完的節慶，
課本裡夾著滿滿的夢想和天真。

範例三 撰寫專利說明書

在開始之前，您需要定義您的發明。這將包括確定您的發明是什麼，它的目的是什麼，以及它與現有技術有何不同之處。這些都是將在專利說明書中描述的重要元素。假設我們的發明是一種新型的太陽能光電板材料，它具有特殊的高效轉換率，可以在極少的日光的情況下也能提供好的轉換率。

輸入提詞 請幫我撰寫一份專利說明書，描述一種新型的太陽能光電板材料，該材料在極少的日光下，也能有很好的轉換效率。

專利名稱：高效低光照太陽能光電板材料

技術領域：

本發明涉及一種太陽能光電板材料，特別是一種在低光照條件下也能保持高轉換效率的太陽能光電板材料。

背景技術：

隨著可再生能源需求的增加，太陽能光電板的應用日益廣泛。傳統太陽能板在強光照條件下效率較高，然而在陰天或低光照條件下效率顯著下降。因此，開發一種即便在低光照條件下也能維持高效能轉換的材料成爲當務之急。

3.15 一口氣將 Excel 多 Sheet 資料拋轉資料庫

將 Excel 中包含多個 Sheet 的資料批次寫入資料庫，是每個數據工程師和分析師都需要掌握的核心技能之一。這項任務看似繁瑣，但透過使用適當的工具和方法，可以快速且有效地完成。我們將在本節探討一種不僅能實現此目標，且既實用又有效率的方法。

STEP 01 上傳欲轉檔的 Excel 檔案，本次範例包含 3 個 Sheet 表的資料，有：銷售訂單資料、客戶資料與商品資料。

A	B	C	D	E	F
1	產品A	10	2	張三	2023/7/1
2	產品B	15	1	李四	2023/7/2
3	產品C	20	3	王五	2023/7/3
4	產品A	10	5	張三	2023/7/4
5	產品B	15	2	李四	2023/7/5
6	產品C	20	4	王五	2023/7/6
7	產品A	10	1	張三	2023/7/7
8	產品B	15	3	李四	2023/7/8
9	產品C	20	2	王五	2023/7/9
10	產品A	10	4	張三	2023/7/10

銷售訂單資料 客戶資料 商品資料 +

02 STEP **輸入提詞** 寫一個程式包括創建資料庫資料表，將測試 Excel 多 sheet 批次轉資料表 .xlsx 裡面的所有 sheet 寫到資料庫的資料表。資料庫的連結資訊如下：mysql 資料庫主機：localhost，登入帳號：demo，登入密碼：demo1234，連接 port：3306，使用的資料庫是 demotest，先創建資料庫的資料表，有關於資料表中的資料的型態，請先解析資料的內容後用最適合的型態建立，並指定第一個欄位當做主鍵值索引。每一次資料的寫入，先清空資料表在進行。請加上創建資料表的部分。

首先，我們將開始編寫一個 Python 程式來處理這個需求。程式將包含以下步驟：

1. 讀取 Excel 檔案並分析其中的數據結構。
2. 建立 MySQL 連線。
3. 爲 Excel 的每個 sheet 創建對應的資料表。
4. 將 Excel 數據導入到 MySQL 資料表中。

---

1. **銷售訂單資料**
   - 訂單編號 (訂單編號 , 整數 , 主鍵)
   - 產品名稱 (文字)
   - 單價 (小數)
   - 數量 (整數)
   - 客戶姓名 (文字)
   - 訂單日期 (日期)

```
import mysql.connector
from mysql.connector import Error

def create_connection(host_name, user_name, user_password, db_name, port):
    connection = None
    try:
        connection = mysql.connector.connect(
            host=host_name,
            user=user_name,
            passwd=user_password,
            database=db_name,
            port=port
```

3.16 創意商務計畫，開拓全新商機視野

在快速變化的商業世界中，創意與創新是企業保持競爭力的關鍵。利用 ChatGPT，可以幫助我們快速分析市場趨勢、識別潛在機會，並制定創新的商務計畫。下面，我們將以開發新人型機器人應用為例，展示如何透過假想的商務計畫來獲取全新的觀點。

01 STEP **輸入提詞** 你現在是人型機器人專家，我們想要開發新人型機器人應用，請你回答我問題。

02 STEP **輸入提詞** 請列出，未來 5 項新人型機器人發展的趨勢與技術，用表格呈現。

未來人型機器人的發展趨勢及技術非常廣泛，這裡列出五個主要方向以及相關的技術，以表格形式呈現：

趨勢	技術描述
自主導航與移動	人型機器人將利用進階的傳感器、SLAM（同步定位與建圖）技術來實現在復雜環境中的自主導航和移動。
增強交互能力	開發更自然的語音和非語言交互技術，如利用自然語言處理和情感識別技術，使機器人能更好地理解和回應人類情感和需求。
高級機器學習與 AI 決策	進一步整合機器學習算法，使機器人能進行複雜的決策和學習新任務，例如透過強化學習自主優化其行爲。

03 STEP **輸入提詞** 請列出可能面臨的挑戰。

人型機器人在發展過程中可能會面臨多種挑戰，這些挑戰涵蓋技術、倫理以及實際應用的多個層面。以下是一些主要的挑戰：

1. **技術複雜性和成本：**
   - 高度複雜的機器人系統需要先進的硬件和軟件支持，這不僅技術要求高，且成本昂貴，可能限制了廣泛應用。
2. **互動自然性：**
   - 雖然技術在進步，但使機器人能夠自然地與人類互動仍是一大挑戰，特別是在理解和生成自然語言、非語言溝通（如肢體語言、表情）方面。

04 STEP **輸入提詞** 市場有沒有競爭者，每一個項目列出前三大。

人型機器人市場上有多個競爭者，各自在不同的技術和應用領域中取得領先地位。以下是目前一些重要領域及其領先的公司：

1. **通用服務機器人：**
   - Honda: 通過其 Asimo 機器人，Honda 長期在人型機器人技術上保持領先。
   - Boston Dynamics: 被廣泛認識的 Atlas 機器人在動態平衡和移動技術方面非常先進。
   - Toyota: 他們開發了多個能夠進行基本服務和協助的人型機器人。
2. **醫療輔助機器人：**
   - Cyberdyne: 他們的 HAL（Hybrid Assistive Limb）是一種外骨骼機器人，用於康復和身體力量增強。

05 STEP **輸入提詞** 如果要投入，並且達到市佔全球前三名請具體列出方案與執行方針及所需要的時程規劃、投入人力，投入成本，花費以新台幣表示。

要成爲全球人型機器人市場的前三名，需要一個詳細的商業計劃和執行策略。以下是建議的方案和執行方針，以及估算的時程規劃、人力投入和成本計算：

1. 方案與執行方針

市場定位和目標：

- 定位於高增長領域，如醫療輔助、服務業和工業應用。
- 開發差異化產品，注重用戶體驗和技術創新。

研發策略：

- 強化核心技術，如自主導航、人工智能、機械學習。
- 與學術機構和技術公司合作，共同開發先進技術。

3.17 協助事業計畫擬定

制定一個完善的事業計劃是成功的基礎。無論公司規模大小，事業計劃都是管理層規劃未來發展、分配資源以及應對市場挑戰的重要工具。然而，制定事業計劃並不簡單。本章將深入探討如何利用 ChatGPT 技術，從痛點中解放出來，協助企業制定具備前瞻性與靈活性的事業計劃，提升整體競爭力。無論您是初創公司還是大型企業的管理者，ChatGPT 都能成為您制定計劃過程中的強大助力。

01 STEP **輸入提詞** 你現在是 IT 主管，擁有經營管理方面的專長。我將會有公司年度計劃的提問要請教您。我想要制定公司數位優化轉型的策略，請分別列出短、中、長期的計劃內容，至少要包括可應用的具體科技技術。

短期計劃（1 年內）

1. 基礎架構升級：
   - **雲端服務**：轉移部分 IT 基礎設施到雲端，例如使用 AWS 或 Azure，以提高彈性和降低成本。
   - **數據集成**：實施數據整合平台，如 Apache Kafka 或 AWS Glue，確保數據的一致性和可訪問性。

2. 數據分析與業務智能：

   - **商業智能工具**：部署 BI 工具如 Tableau 或 Power BI，提升數據視覺化和報告功能，幫助決策者快速獲得洞察。
   - **實時數據分析**：開始實施實時數據監控和分析，以快速響應市場變化。

02 STEP **輸入提詞** 我希望公司年度計劃可以導入 ChatGPT 與 BI 二項技術用在經營管理上，請依照我的要求修正年度計劃，並用管理高層聽的懂的語言表示。修正後重新呈現短、中、長期的計劃內容。

短期計劃（1 年內）

1. 部署商業智能工具：
   - **目標**：快速實現數據驅動的決策過程。
   - **具體措施**：引入商業智能平台，如 Power BI 或 Tableau，進行數據整合和視覺化，以提供實時的業績報告和市場分析。
2. 引入 ChatGPT 為客戶服務助手：
   - **目標**：提升客戶服務效率和質量。
   - **具體措施**：利用 ChatGPT 開發智能客服機器人，初步應用於常見問題回答和基本客戶諮詢，減輕客服團隊的壓力。

03 STEP **輸入提詞** 關於短期計劃中的「ChatGPT 應用於經營管理」項目，請再列出更詳細的行動方針。

在短期計劃中，將 ChatGPT 應用於經營管理可以通過以下更詳細的行動方針實施：

詳細的行動方針

1. 需求評估和計劃階段：
   - **組織工作坊**：舉辦跨部門工作坊，收集不同團隊對於自動化和 AI 輔助的具體需求，特別是在經營管理上的應用。
   - **技術評估**：與 IT 部門合作評估現有技術基礎設施的能力，確定引入 ChatGPT 所需的技術改進或升級。

04 STEP **輸入提詞** 請幫我把短期計劃要推動的所有項目，規劃時程，列出預計開始日，預計完成日，所需要時間，重要里程碑並以 markdown 表格方式呈現。

項目	預計開始日	預計完成日	所需時間	重要里程碑
商業智能工具部署	2024-09-01	2024-11-30	3 個月	- 數據整合完成 - 第一版報告生成 - 員工培訓完成
ChatGPT 客服助手	2024-09-15	2024-12-15	3 個月	- 軟件開發初版完成 - 內部測試開始 - 全面上線
需求評估和計劃	2024-08-01	2024-08-31	1 個月	- 需求收集完畢 - 技術評估報告完成
初步集成和試點項目	2024-09-01	2024-10-31	2 個月	- 開發初步原型 - 選擇並開始試點部門

05 STEP **輸入提詞** 針對上面的短、中、長期的計劃內容，納入具體可能應用的最新科技技術，並且請提出可以在優化的地方，並以 markdown 表格方式呈現優化前後的差異。

根據您的要求，我將納入最新科技技術並提出可優化的地方。以下是短、中、長期計劃中的技術應用和優化前後的對比，使用 Markdown 表格形式呈現：

短期計劃優化

項目	原計劃技術應用	優化後技術應用	優化效果
商業智能工具部署	Power BI、Tableau	Power BI、Tableau、Google Data Studio	增加 Google Data Studio 以支援更廣泛的數據源和更靈活的數據處理
ChatGPT 客服助手	基本的問答回答	高級自然語言理解 (NLU) 技術應用，提升對話質量	利用先進的 NLU 提高客戶互動質量和回答的精確性

3.18 教學文件產生不求人

在現代工作環境中，產生專業且易於理解的教學文件是提升工作效率與溝通品質的關鍵。面對快速變化的技術與市場需求，能夠即時產出高品質的文件對於企業和個人來說都是巨大的優勢。我們將在本節探討如何利用 ChatGPT 來輕鬆產生教學文件，減少人力投入，同時提升文件的專業性和完整性。

輸入提詞 你現在是線上課程的規劃專家，尤其是公司經營管理方面。我想要規劃企業內部訓練的課程，包括訓練的名稱與所有的教案、教材。我希望採取問答的方式，從主題的訂定開始，一步一步的帶著我把課程所需要的所有東西完整的產出，要詳細到可以完成 2 個小時的內容，而且要能夠吸引人與沒有管理經驗的人也能理解與吸收的內容。下面所有的回答都用繁體中文回覆。

很高興能協助您規劃企業內部訓練的課程。為了讓我們更有方向性地開始，請問您希望這次的訓練課程主要聚焦於哪些管理方面的主題？例如，是偏向領導力發展、團隊合作、決策製作、還是時間管理等特定領域？這將有助於我們定義課程的核心內容與目標。

輸入提詞 偏向領導力發展

課程名稱

領導力核心訓練：打造有效領導者

課程大綱

1. 課程導入與目標設定（15 分鐘）
   - 課程介紹與目標說明
   - 參與者自我介紹與期望討論

2. 領導力的基礎理念（30 分鐘）

- 定義領導力：領導與管理的區別
- 領導力的重要性與影響範圍
- 現代領導力理論介紹（轉型領導、服務型領導等）

3.19 時間管理應用

時間管理是現代生活中至關重要的技能。利用 ChatGPT，我們可以顯著提升時間管理的效率，從而更好地規劃日程、設置目標、追蹤進度以及優化工作流程。以下是如何利用 ChatGPT 實現更高效的時間管理：

範例一

輸入提詞 幫我生成一個每日行程表，包含工作、休息和運動時間，假設我的工作時間是上午 9 點到下午 6 點，並且我希望每天運動 1 小時。

每日行程表

早晨

- 06:30 - 07:00：起床與個人準備（如洗漱、穿衣）
- 07:00 - 07:30：早餐
- 07:30 - 08:30：自由時間（閱讀、冥想或輕鬆的家務）

上午

- 08:30 - 09:00：上班通勤
- 09:00 - 12:00：工作時間

範 例 二

輸入提詞 幫我制定一個月的健身目標，包括每週的運動計劃和進度追蹤。

健身目標

- **目標體重**：減少 2 公斤
- **增加肌肉量**：提升核心肌群和腿部肌肉的力量
- **增強耐力**：能夠連續跑步 30 分鐘

每週運動計劃

週一（力量日）

- **上半身訓練**：做臥推、引體向上和啞鈴飛鳥各三組，每組 10-12 次。
- **核心訓練**：仰臥起坐和俄羅斯轉體各三組，每組 15 次。

範 例 三

輸入提詞 今天我有五個任務要完成：準備會議報告、回覆客戶郵件、完成產品設計、參加團隊會議和整理文件。請幫我按照重要性和緊急性排列優先順序。

要合理安排這些任務的優先順序，我們可以採用愛森豪威爾矩陣（Eisenhower Matrix），這是一種根據任務的緊急性和重要性來分類和決定工作優先順序的方法。讓我來幫您分析這五個任務：

1. **參加團隊會議**：如果會議時間已確定，則此項任務既緊急又重要，需要首先處理。
2. **回覆客戶郵件**：這通常也是緊急且重要的，尤其如果郵件涉及即將到來的截止日期或重要問題，應該在會議前或直後處理。
3. **準備會議報告**：假如這份報告是爲了即將舉行的會議，那麼它是緊急且重要的。如果會議是今天，那麼這應該是您接下來要做的事。
4. **完成產品設計**：這項任務的緊急性取決於產品設計的截止日期。如果截止日期非常近，則它是緊急且重要的。如果還有一定的彈性，可以考慮安排在回覆郵件之後。

5. **整理文件**：這通常不是非常緊急的任務，除非有文件必須立即使用。因此，這可以排在最後完成。

範例四

輸入提詞 以下是我今天的時間使用情況：工作 8 小時、休息 2 小時、運動 1 小時、娛樂 3 小時、家務 1 小時、睡覺 9 小時。請幫我分析如何更有效地利用時間。

根據您提供的時間分配，您已經有了一個相對均衡的日程安排，包括充足的睡眠、工作、以及休閒活動。不過，如果想要進一步優化時間利用效率，這裡有一些建議：

1. **重新評估工作和休息的平衡**
   - **考慮使用番茄工作法**：這是一種短暫休息的時間管理技巧。您可以嘗試每工作 25 分鐘後休息 5 分鐘，每四個"番茄鐘"後再休息長一些，約 15-30 分鐘。這有助於保持精力充沛並提高工作效率。
2. **優化休息時間**
   - **活動休息**：嘗試將輕度活動（如短暫散步）納入您的休息時間，這不僅有助於身體健康，也能提高心理的醒覺度和工作效率。

3.20 腦洞大開，應用各種管理模型解決問題

在現代企業管理中，面對複雜多變的挑戰，我們常常需要依靠多種管理模型來制定策略、解決問題和提升效率。這些模型為我們提供了結構化的思考方式和系統化的解決方案，使我們能夠更科學、更有條理地應對各種管理挑戰。以下是如何運用幾個常見的管理模型來解決實際問題的示例。

01 STEP **輸入提詞** 請詳細列給我，世界上可以用來解決問題的所有模型，先不要解釋，我只要清單，可以給我 50 個最多人使用的嗎？

當然，這裡是目前在各行各業中被廣泛使用的 50 個模型，這些模型涵蓋了從商業決策、數據分析到機器學習等多個領域：

1. 線性回歸模型（Linear Regression）
2. 邏輯回歸模型（Logistic Regression）
3. 決策樹（Decision Tree）
4. 支持向量機（SVM, Support Vector Machine）
5. 隨機森林（Random Forest）

02 STEP **輸入提詞** 將這些模型分成八類。

將上述 50 個模型分類，可以按照他們在業務和技術上的應用來進行分組。以下是這些模型的一種分類方法，按八大類整理：

1. **統計模型**
   - 線性回歸模型（Linear Regression）
   - 邏輯回歸模型（Logistic Regression）
   - ARIMA 模型（AutoRegressive Integrated Moving Average）
   - 簡單移動平均（Simple Moving Average, SMA）
   - 指數平滑移動平均（Exponential Smoothing）
   - 波動率模型（Volatility Models）
2. **決策樹與集成方法**

03 STEP **輸入提詞** 除了上面提到的八個模型分類，是不是還有更多更好用的分類與模型呢？

是的，除了上面提到的八大類模型之外，確實還有其他分類方式和不同類型的模型，這些模型適用於特定的問題或數據類型。我們可以從更細分的角度來探討這些模型，

以及從不同的技術進展來考慮一些新興的模型。以下是一些進階的分類和模型：

1. **生成模型與辨識模型**
   - 生成模型不僅學習輸入數據的條件分布，還能生成新的數據實例。例如 GANs、Variational Autoencoders (VAE)。
   - 辨識模型專注於從給定數據中識別或分類模式。例如 CNN、RNN。

(04 STEP) **輸入提詞** 在財務方面的分類與模型有哪些？

1. **風險管理模型**
   - 值在風險（VaR, Value at Risk）：評估在正常市場條件下可能遭受的最大損失。
   - 條件價值在風險（CVaR, Conditional Value at Risk）：提供超過 VaR 估計損失的風險評估。
   - 信用風險模型：評估借款人違約的可能性，例如信用評分模型。
2. **投資與資產管理模型**
   - 現代投資組合理論（MPT, Modern Portfolio Theory）：幫助配置投資組合以最大化預期回報，同時控制風險。
   - 動態資產配置模型：根據市場變化動態調整資產配置。
   - 黑利特納模型（Black-Litterman model）：結合市場均衡回報和主觀觀點來平衡投資組合。

(05 STEP) 接著你可以繼續在你感興趣的領域或目前工作上相關的項目進行開展，提詞如下：

輸入提詞 在生產製造方面的分類與模型有哪些？

輸入提詞 在研發發展造方面的分類與模型有哪些？

輸入提詞 在人力資源方面的分類與模型有哪些？

輸入提詞 在銷售方面的分類與模型有哪些？

06 STEP 當你選擇好模型後，下面的提詞可以幫助你，利用選定的模型並且讓 ChatGPT 引導你進一步的解決問題。

輸入提詞 有關比率分析模型：包括財務比率（如流動比率、負債比率、利潤率等）的計算和分析，用於評估企業的財務健康狀況。我要開始進行這方面的工作，請引導我。

比率分析是財務分析中一個非常重要的工具，通常用於評估企業的財務健康狀況。它涉及計算各種財務比率來揭示企業的盈利能力、流動性、償債能力和運營效率。下面，我將逐一解釋一些基本的財務比率，並提供計算公式及其分析的用途：

1. 流動比率（Current Ratio）

用於衡量企業短期償債能力。

$$\text{流動比率} = \frac{\text{流動資產}}{\text{流動負債}}$$

解釋：流動比率高於 1 表示公司擁有足夠的流動資產來覆蓋其短期負債。一般而言，流動比率高於 2 被認爲是健康的。

2. 負債比率（Debt Ratio）

3.21 一招半式打天下：含金量最高的一句提詞

很多時候，我們可能知道問題，但不一定知道如何向 ChatGPT 提出問題才能獲得最佳答案。尤其是在與 ChatGPT 溝通時，如果回覆不夠理想，這往往不是因為 ChatGPT 的能力有所下降，而是因為提問的方式不夠明確或具體。提出清晰、具體的問題有助於我們獲取更多有價值的訊息，並提升使用 ChatGPT 的效果。這是一個含金量極高的技巧，幾乎可以應用在任何情境和場合。例如：**在「填入你的問題或任何情境內容」時，可以怎樣對 ChatGPT 進行專業有效的提問。**

輸入提詞 在「分析公司歷年的年報」時，可以怎樣對 ChatGPT 進行專業有效的提問。

在分析公司歷年的年報時，利用 ChatGPT 可以幫助您快速識別重要資訊、進行初步的數據分析或者理解特定財務術語。為了讓對話更有效，您可以按照以下方法進行提問：

1. **明確具體的問題**：先確定您想從年報中獲取哪些具體資訊。比如您可能關心利潤變化、成本結構、資產負債率等。
2. **提供必要的背景訊息**：如果有特定的行業或者公司背景，提供這些訊息可以幫助獲得更精確的回答。
3. **利用專業術語**：使用財務和商業的專業術語可以提高問答的專業性和精確度。
4. **分步驟提問**：將大問題分解成幾個小問題，逐一提問可以幫助您更系統地理解和分析年報。

3.22 結語

本章節《將免費 ChatGPT 運用到極致》深入探討了如何在各種應用情境中最大化利用 ChatGPT 的功能，無論是初級的語法修正和文章整理，還是中級的客服案件回覆和進階的數據處理。這些應用示例涵蓋了從基礎到進階的使用技巧，展示了 ChatGPT 在不同需求下的廣泛潛力。透過本章節，讀者能夠學習如何將這一免費工具運用得淋漓盡致，無論是提升日常工作效率，還是解決複雜的商業問題。無論你是初學者還是進階用戶，本章節都提供了豐富的範例和具體的操作指南，幫助你更好地掌握並應用 ChatGPT，從而在工作和生活中獲得更大的效益。

MEMO

CHAPTER 4

圖像生成應用實際操演

本章節將介紹如何使用 ChatGPT 進行圖像創作，從基礎技巧到進階應用，幫助您逐步掌握這項強大的技術。無論您是初次接觸圖像設計的新手，還是擁有豐富經驗的專業人士，都能在此找到實用的知識與靈感。隨著 ChatGPT 的免費版功能不斷提升，即便未付費訂閱，您仍然可以使用現有的 ChatGPT-4 模型來進行創作。當然，如果您選擇付費升級至 4o 或最新模型，則可以享受到更快的執行速度和更高品質的輸出效果。無論您處於哪一種使用情境，本章節都將幫助您充分發揮 ChatGPT 在圖像創作中的潛力，讓您在設計的過程中更有自信且事半功倍。

4.1 能力探索

在本節中，我們將深入探討 ChatGPT 的基本圖像生成能力。透過 12 個實際案例，您將初步了解如何運用這項技術進行創意設計，並發掘其在各種情境下的應用潛力。這些案例涵蓋從敘事性圖像創作到複雜的 3D 物件合成，為您提供靈感並展示 ChatGPT 在不同設計領域中的強大功能。

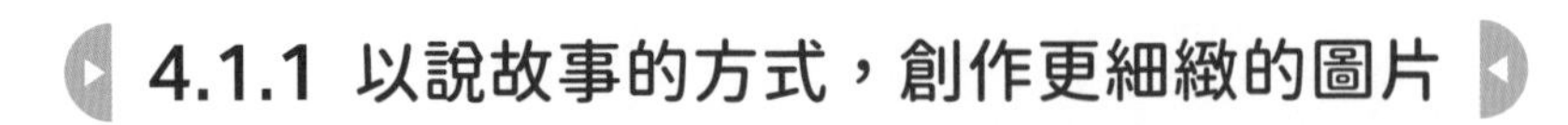

4.1.1 以說故事的方式，創作更細緻的圖片

現在，您可以用更簡單的方式進行圖像生成的創作，無論多麼天馬行空的想法都能輕鬆實現。

NOTE

由於目前在圖像中生成中文字可能會出現亂碼或奇怪的符號，爲了確保展示效果最佳，我們將圖片中的文字轉換爲英文字進行提詞，同時附上中文對照，方便您理解和操作。這樣，您可以在創作過程中輕鬆應對語言轉換的挑戰，確保圖像生成的品質和準確性。

範例一

輸入提詞 A first-person view of a robot typing the following diary entry, and the robot's hands typing on a typewriter．" 1． Yo，I really like the ChatGPT Application Bible book．"

中文對照 第一人稱視角的機器人正在打字以下日記條目，並且機器人的手在打字機上打字。「1．喲，我非常喜歡 ChatGPT 應用聖經這本書。」

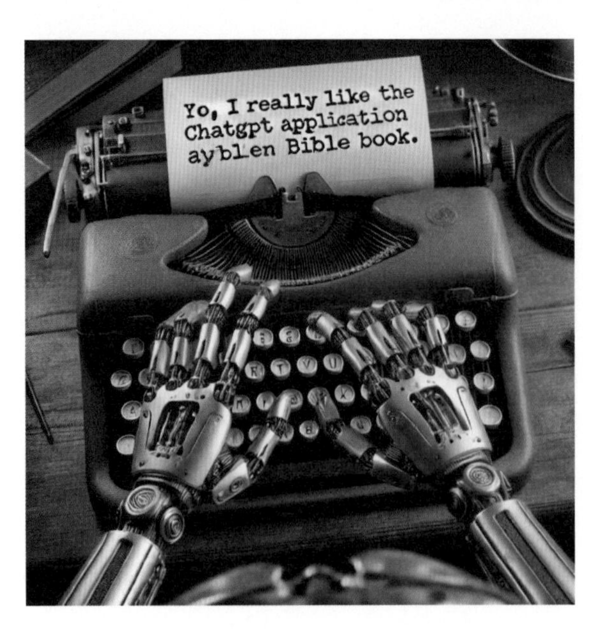

範例二

接著上面的項目繼續，**輸入提詞** The robot is not satisfied with what is written，so he is going to tear up the paper．This is a first-person view of him tearing it apart from top to bottom with his hands．When he tore the paper apart，the two halves were still visible．

中文對照 機器人對所寫的內容不滿意，所以他要撕掉那張紙。這是他用手從上到下撕開它時的第一人稱視角。當他撕開紙張時，兩半仍然清晰可見。

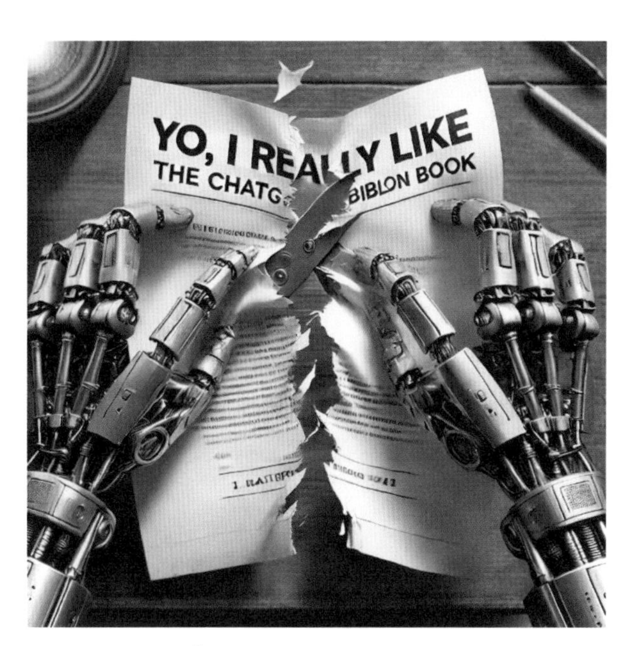

4.1.2 視覺敘事應用：台灣小龍女求職記

在創作短篇故事或靜態文件時，使用前後關聯的圖片可以大大提升內容的連貫性和視覺吸引力。接下來，我們將進行 4 個提詞，來生成一組連貫的圖片，完成一個短篇故事的視覺呈現。

01 STEP **輸入提詞** 卡通圖片，大學剛畢業學生名字叫小龍女，臉上掛著微笑。她面向前方站在白色背景前。

02 STEP **輸入提詞** 小龍女站在一棟高樓前面，這是 Smile 企業總部。手裡拿著一封求職信，我們從側面看著她。

03 STEP **輸入提詞** 小龍女正在和一位年輕的美女主管進行面試，在一間簡易的面談室之中。美女主管面對鏡頭，且微笑著，小龍女背對著鏡頭。

04 STEP **輸入提詞** 面談結束了，小龍女站起來和美女主管握手，進行道別。

4.1.3 創作電影海報

這是一個非常有趣且具創意的活動！以下是一些步驟和提詞，幫助您創作屬於您的「名偵探阿龍」電影海報。建議海報內容也盡量使用英文字，比較不會出現亂碼或奇怪的內容。

範例

輸入提詞 讓我們設計電影海報，主角是 longlong，這是 longlong 的照片。電影《Detective》最終海報。這張照片突出顯示了 longlong 的大臉。擺出若有所思的姿勢，眼神中帶著一絲內省。他的頭頂上寫著「Long Long」的名字。背景磚牆略顯褪色和霧氣，他的表情嚴肅而堅定，暗示著他即將進行的調查。這部黑暗而堅韌的電影的口號是「Searching For Answers」，顯示在底部。

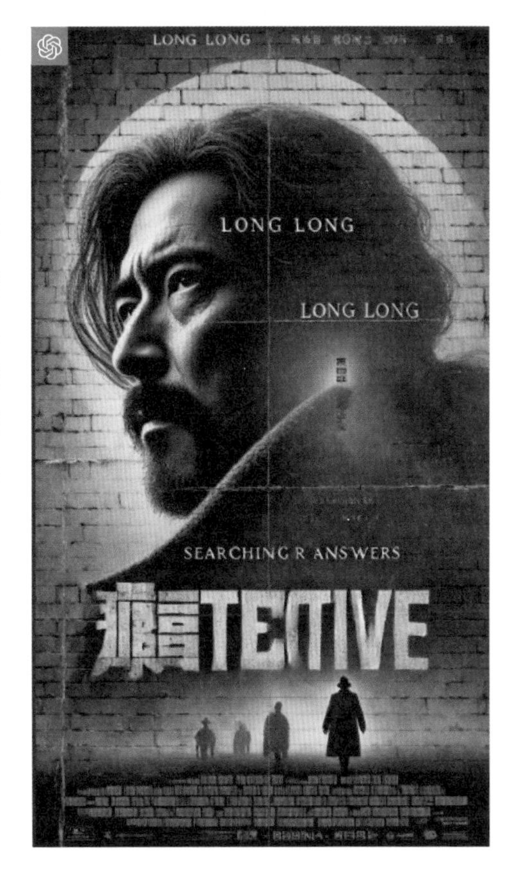

4.1.4 角色設計

要進行機器人角色「龍龍」的設計，可以按照以下的提詞來生成專屬的角色形象。

STEP 01 **輸入提詞** 龍龍是戴著棒球帽、看起來很友善的機器人，以直立的姿勢面對鏡頭站立。他的臉上帶著微笑。

STEP 02 **輸入提詞** 龍龍喜歡玩飛盤，龍龍舉起一隻手臂在空中跳躍，準備接住朝他飛來的飛盤。

STEP 03 **輸入提詞** 龍龍也喜歡對電腦進行程式設計，龍龍坐在辦公桌前，前面是一台大電腦顯示器。顯示器在黑色背景上顯示綠色代碼。龍龍的雙手放在鍵盤上，他坐在舒適的遊戲椅上。我們從側面看。

04 STEP 輸入提詞 龍龍也喜歡演奏音樂，龍龍正在拉小提琴。

4.1.5 創造詩意版畫

你可以寫一首詩，無論是要創作或者寫給心愛的人，將詩的字詞寫在復古的書本上面並呈現，創作獨特的圖片，是簡單容易的事。下面我用《春思》唐．李白：燕草如碧絲，秦桑低綠枝。當君懷歸日，是妾斷腸時。春風不相識，何事入羅幃。為了正常顯示將詩的中文轉英文，請參考下面提詞。

範例

輸入提詞 一首詩，用清晰而激動的筆跡寫在日記上，單欄。文字稀疏但優雅，裝飾著色彩繽紛的超現實主義小塗鴉。文字很大，清晰易讀。

“Spring Thoughts” Tang Li BaiThe swallow grass is like blue silk，and the green branches of Qin mulberry are low.When you are pregnant and return home，it is the time when your concubine is heartbroken．If you don’t know the spring breeze, why should you enter the Luo curtain ？

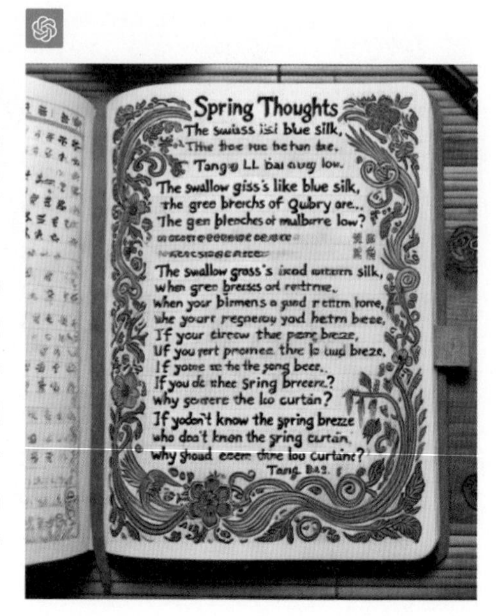

4.1.6 紀念幣設計

這是很不錯的創意應用，你可以你可以設計出獨一無二的紀念幣，並迅速獲得具體成果。

範例

輸入提詞 我創建了一個向量圖形，描繪了 LongLong 徽標，其下方帶有「Long」一詞。徽標的寬度與文字的寬度大致相同。邊框周圍的邊距均勻。徽標和文字彼此靠近放置。部分或線條之間沒有中間部分。還是黑色背景。標誌和文字填充方形畫布。最後進行紀念幣設計。

4.1.7 照片轉漫畫

將任何你上傳的照片，轉換成卡通的樣式。右圖是我上傳的照片。

範例

輸入提詞 將我上傳的圖片，製作成漫畫形象。

4.1.8 文字轉字體

創作不一樣的英文字母樣式可以是一個非常有趣且實用的應用，特別是在設計和創意項目中。如果不成功，可以多試幾次。

範例

輸入提詞 字母 ABC DEF GHI 顯示爲三行，顯示方式就像展示字型簿中的字型一樣，這是一種超未來主義字體。

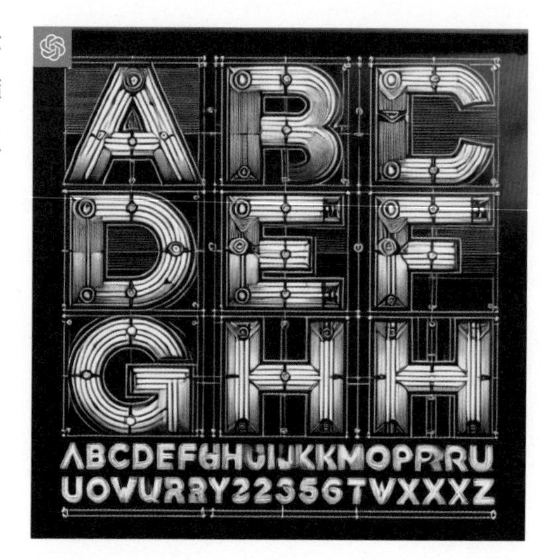

4.1.9 3D 物件合成

範例

輸入提詞 A realistic looking 3D rendering of the LongLong logo with“ LongLong” .

4.1.10 品牌造型設計：杯墊上的標誌

01 STEP **輸入提詞** 這是 OpenSmile 標誌。OpenSmile 標誌位於以 LongLong 字體顯示「LongLong」的文字上方。

02 STEP **輸入提詞** 這是一個沒有品牌的杯墊。頂部爲木質、底部爲大理石的杯墊。它位於大理石桌子上。

03 STEP **輸入提詞** 我們將 OpenSmile 標誌蝕刻到杯墊上。頂部爲木質、底部爲大理石的杯墊。OpenSmile 標誌蝕刻在木質零件的中間。大理石部分，刻有 LongLong 字體的「Long Long」字樣。

4.1.11 多線渲染

要創作一個多線渲染風格的圖片，其中包含機器人發送短訊的場景，可以使用以下的提詞來實現。這將結合多線渲染技術與機器人的主題，並且在圖片中顯示短訊內容。

範例

輸入提詞 First-person view of the bot looking at his phone’s Messages app while he’s texting a friend（he's typing with his thumbs）：1.Hello，I’m on the bridge，can you see me now ？ 2. I didn’t see you． Are you sure you are at the place we agreed on ？ The text is large，clear and easy to read．Robot hand typing on typewriter．

中文對照 第一人稱視角下，機器人正邊看手機的訊息應用程式，邊傳訊息給朋友（他正在用拇指打字）：1.hello，我在橋上，你現在可以看到我嗎？2. 我沒看到你，你確定你在我們約定的地點嗎？文字大、清晰易讀。機器人的手在打字機上打字。

4.1.12 立方體堆疊圖

生成字母 MIT 由上到下堆疊的立方體。

範例

輸入提詞 The image depicts three cubes stacked on a table with a total of three layers，format 16:9・The cube at the top is red and has a capital English letter M on it・The middle cube is blue and has a capital English letter I on it・The cube at the bottom is green and has a capital English letter T on it・

中文對照 該圖像描繪了堆疊在桌子上的三個立方體總共有三層，格式 16:9。頂部的立方體是紅色的，上面有一個大寫的英文字母 M。中間的立方體是藍色的，上面有一個大寫的英文字母 I。底部的立方體是綠色的，上面有一個大寫的英文字母 T。

4.2 快速入門，10 個必學技巧，釋放你的創作潛力

我們將帶您了解 ChatGPT 的基本圖像生成能力。透過以下 10 個必學技巧，讓您可以初步的進行了解，創建出令人印象深刻的視覺素材，這些技巧涵蓋了從圖像生成到修改的各個方面，讓你能夠靈活運用，創作出符合自己需求的圖像。

4.2.1 使用種子（seed number）

這個技巧教您如何使用種子號碼來讓生成的圖像保持一致。這對於需要多次生成相似圖像的情況特別有用。

01 STEP **輸入提詞** **創建一位 16 歲的女孩，有著金色的頭髮，胸前掛著一串珠寶項鍊，並穿著藍色的牛仔褲的真實照片，並且告訴我圖片的 seed number。**

請看下圖，會得到一個 seed number 是 3493816181，下面幾步我們就使用相同的 seed number 進行不同情緒或場景的變化。

這是根據您的描述生成的圖片。圖片的 seed number 是 3493816181

02 STEP **輸入提詞** 使用 seed number: 3493816181 的圖片，使女孩騎著自行車，穿梭在公園。

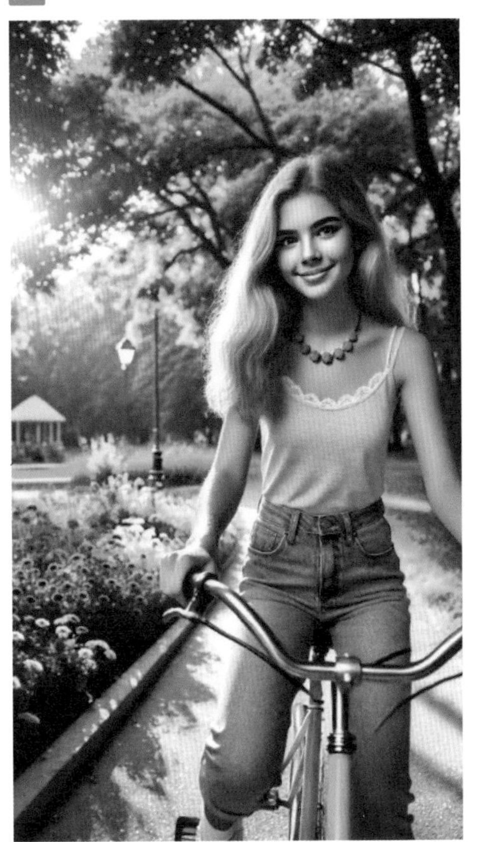

03 STEP **輸入提詞** 使用 seed number: 3493816181 的圖片，使女孩看起來像是戀愛中的樣子。

4.2.2 產生相似的圖片

這個技巧教您如何生成與您描述相符的圖像，並賦予圖像情感和情感元素。請先上傳一張人像的圖片，可以用您自己的或任意的圖像。此處以上傳作者個人的照片為例。

描述這張圖片中的人，創建圖片，使用上面的描述產生類似的人，並提供圖片的 seed number。

01 STEP **輸入提詞** 描述這張圖片中的人，創建圖片，使用上面的描述產生類似的人，並提供圖片的 seed number。

一樣會得到一個 seed number 是 3200023591，這個種子每次都會不一樣。接下來，我們使用相同的 seed number 讓原本照片的人，產生中大樂透的樣子。

這是根據你提供的描述生成的圖片。號碼是 3200023591。

STEP 02 **輸入提詞** 使用這個 3200023591 種子的圖片，讓他看起來是中大樂透的樣子。

4.2.3 讓圖片能寫入文字

將文字融入圖像中，為您的視覺內容增添更多豐富的訊息。

STEP 01 **輸入提詞** 為音樂節設計一張均勻的海報，並將其命名為「Taipei Music Festival」。

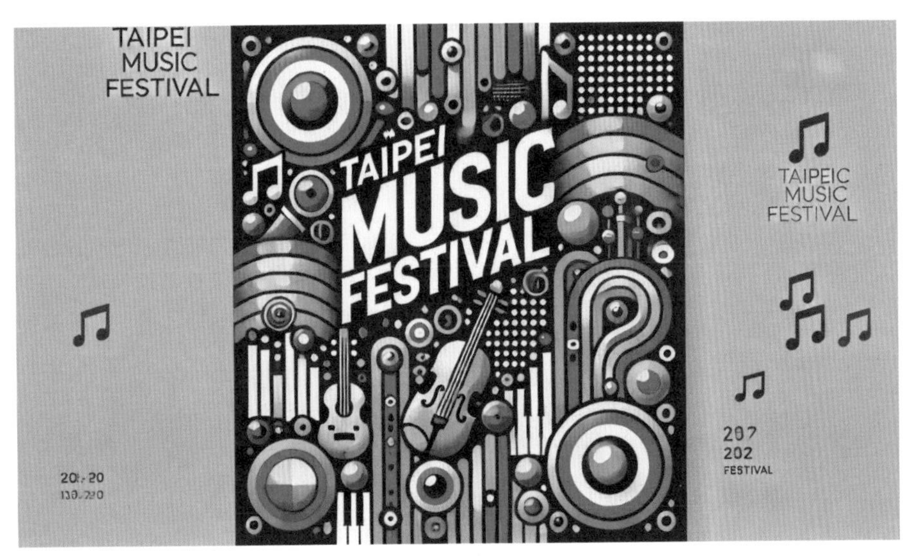

02 STEP 輸入提詞 將文字「I love u」寫入圖片。

4.2.4 隨時調整圖片長寬比

01 STEP 輸入提詞 創建三個不同尺寸的圖片。

02 STEP 輸入提詞 將中間的照片垂直呈現。

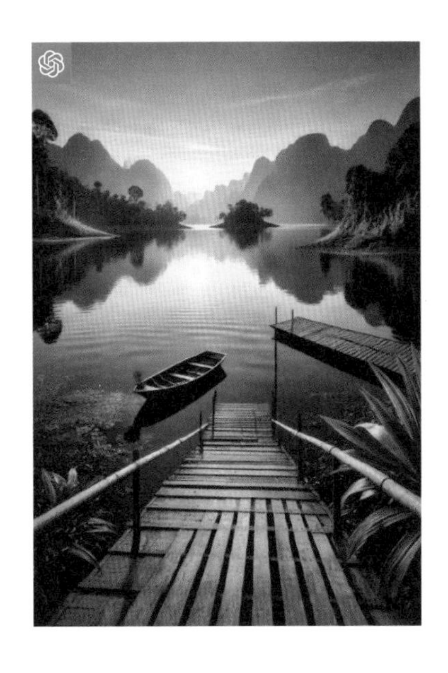

4.2.5 請盡可能的將描述明確寫出來

描述越詳細，就能產出更符合你期望且更為細緻的圖像。下面的例子，提到了時間與氣候 (明媚早晨)、主角 (狗，而且有品種名稱)、地點 (公園) 與配角 (蜻蜓)。這樣基本上就能勾畫出不錯的圖片。

範例

輸入提詞 風光明媚的早晨，一隻金毛獵犬坐在公園的草地上，一隻蜻蜓從牠的頭上飛過。

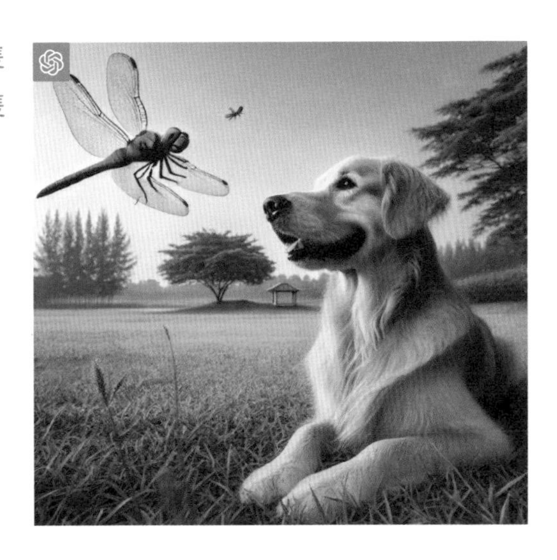

4.2.6 使用生動的形容詞

用生動的形容詞來增強圖像的表現力，創造出更具吸引力和情感的視覺內容。

範例

輸入提詞 創建接近傍晚時候的古老的迷霧森林的圖像。

4.2.7 指定影像類型

這個技巧讓您能夠更精確地定義您想要的圖像風格，例如水墨畫、日式卡通風格、3D 立體等。

範例一

輸入提詞 創建一幅抽象的水墨山水畫，有雲霧繚繞的山脈和一條蜿蜒的河流。

範例二

輸入提詞 生成一個可愛的日式卡通角色，穿著傳統和服，站在櫻花樹下。

範例三

輸入提詞 創建一個逼真的 3D 城市風景，包括高樓大廈、汽車和人行道。

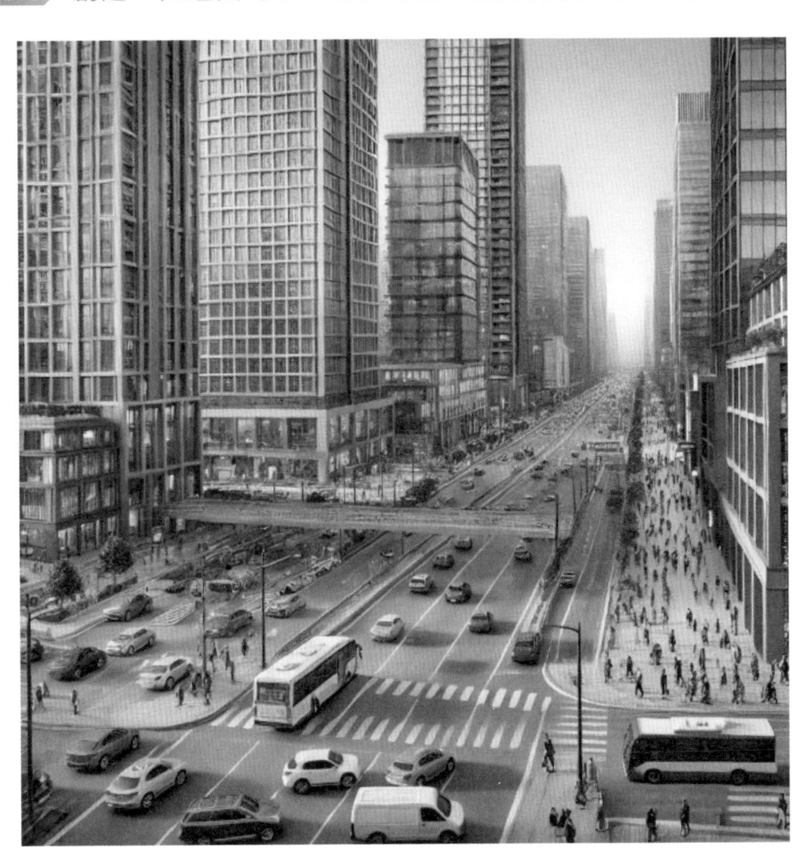

4.2.8 指定燈光和氣氛

這個技巧教您如何透過燈光和氣氛元素來賦予圖像情感和情感效果。

範例

輸入提詞 舒適的小屋內部，由溫暖的壁爐照亮，營造出寧靜而溫馨的氛圍。

4.2.9 使用視角

這個技巧將教您如何選擇不同的視角來呈現圖像，包括特寫、側面圖等不同視覺效果。

範例

輸入提詞 一條河流蜿蜒穿過茂密森林的側面視圖和特寫。

4.2.10 包括季節或時間元素

將季節或時間因素納入圖像創作，以營造更具故事性和情感共鳴的場景。

範例一

輸入提詞 秋天的城市公園熙熙攘攘，樹木呈現出鮮豔的秋色，人們在遛狗，落葉散落在小路上。

範例二

輸入提詞 台北熱鬧的士林夜市，人流熙熙攘攘，美食攤位充滿活力，空氣中瀰漫著烤肉的香氣。

4.3 七個進階圖像生成與處理案例

圖像生成與處理已不再是專業設計師的專利，現在我們可以利用 ChatGPT 創作出令人驚嘆的視覺作品。本節，我們將透過七個進階案例，展示如何運用 ChatGPT 增強作品的表達力，並成為你創作工具箱中的關鍵助力。

4.3.1 為你的圖像加上文字

我們將透過一個生動的實作例子，展示如何將文字完美融入圖像之中。我們的目標是創作一幅復古漫畫風格的插圖，描繪兩位在拳擊舞台上對決的角色，一位是臺灣人，另一位是日本人。整個場景充滿了濃厚的日式漫畫風格，並且配上「Taiwan 與 Japan!」的標題，讓圖像更加富有張力和戲劇性。請記住，這種創作過程可能需要多次嘗試才能達到理想效果，但在這個過程中，你會發現樂趣和成就感逐步提升。

範例

輸入提詞 復古漫畫風格的插圖，兩個人在拳擊舞台上決鬥，一個是臺灣人，一個是日本人。該場景具有日式漫畫風格，並配有「Taiwan 與 Japan!」標題，融入設計，16:9 格式。

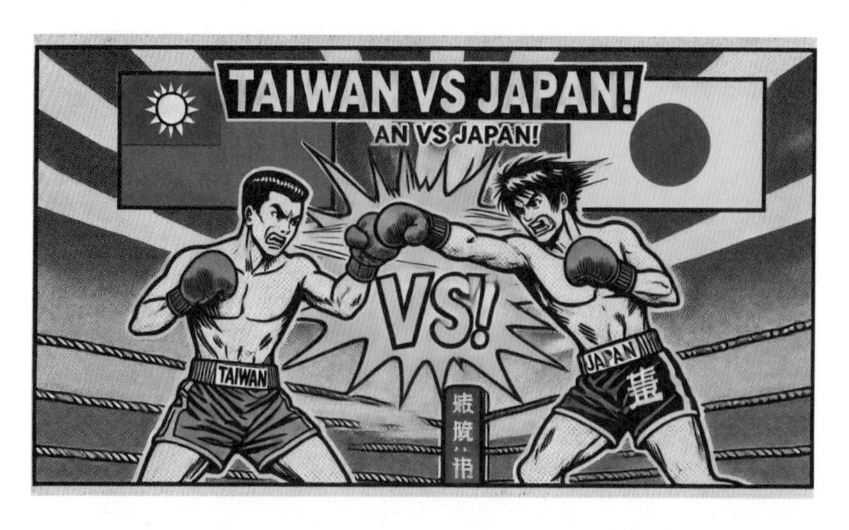

4.3.2 產生某個意象的 ICON

ICON 在現代設計中具有舉足輕重的地位，無論是應用程式、網站還是圖形介面，都離不開 ICON 的點綴。透過學習和掌握這項技能，你將能夠創作出更加生動和富有表達力的圖像，提升你的設計作品的品質。

範例一

輸入提詞 繪製符合蕃茄時間管理法概念的一系列 ICON。

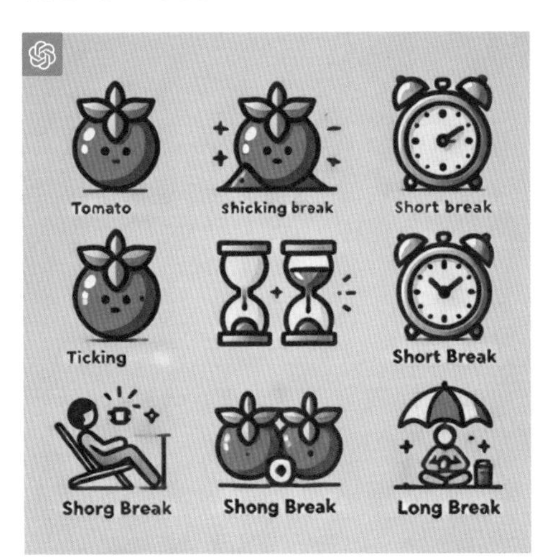

範例二

輸入提詞 繪製日式風格的一系列交通號誌 ICON。

範例三

輸入提詞 繪製 Kanban 方法的一系列 ICON。

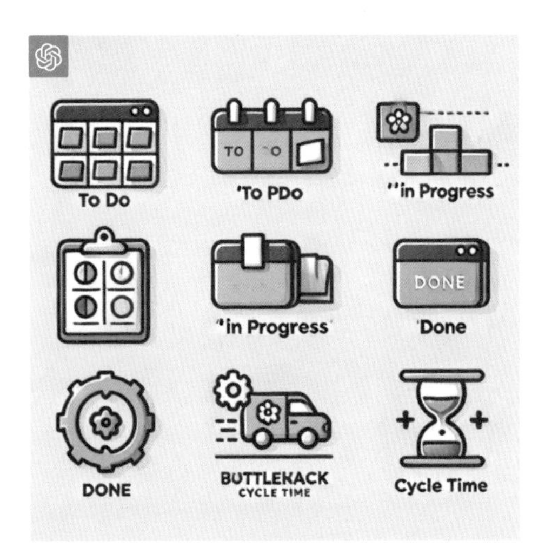

4.3.3 文字 Logo 的設計

文字 Logo 是一種簡潔且富有表達力的設計形式，它能夠清晰地傳達品牌或概念的訊息。在現代設計中，文字 Logo 因其簡單明了而廣受歡迎，無論是用於品牌識別、網站標題還是產品包裝，文字 Logo 都能有效地吸引目光。

範例一

輸入提詞 請幫我製作一張帶有「Kanban」文字的 ICON 圖示，可以當作標題字體，只要有 Kanban 六個字母，背景白色。

範例二

輸入提詞 請幫我製作一張帶有「AIClub」文字的 ICON 圖示，可以當作標題字體，只要有 AI Club 六個字母，背景紅色，字體白色。

4.3.4 多張圖片合併創意處理

圖像合併是一種強大的設計技術，能將不同元素巧妙融合，創造出全新的視覺效果和氛圍。無論你是設計師、攝影師，還是熱愛圖像創作的愛好者，這一技巧都能使你的作品更具吸引力和表現力。透過這種創意處理方法，不僅可以提升設計效率，還能帶來意想不到的驚喜效果。無論是用於故事敘述、視覺呈現，還是創作設計作品，圖像合併技術都將助你打造更加豐富多樣的視覺體驗。

01 STEP **輸入提詞** 請依序繪製以下四種圖像：1. 黃昏的美國舊金山大橋，2. 白天的自由女神像，3. 忙碌的上班族，4. 美國華爾街道景觀。

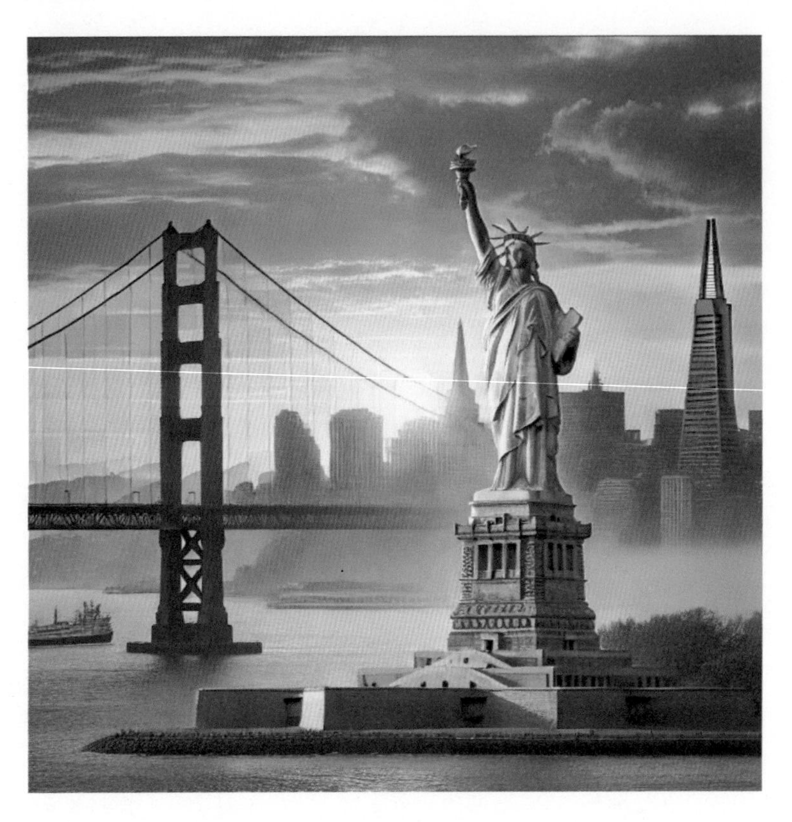

4.3.5 創造連續四格有關係的圖像

連續圖像創作技術不僅可以講述完整的故事，還能透過視覺的變化展示時間的推移和季節的變遷，從而讓觀者更深入地投入並理解作品的內容。透過 2 個具體的實作示範，學習如何利用 ChatGPT 生成和處理連續四格圖像，並將這些圖像巧妙地結合在一起，創作出既有連貫性又具創意的作品。

範例一

輸入提詞 請依序產生台北 101 大樓在不同季節 1. 春 2. 夏 3. 秋 4. 冬的壯闊景觀照片，呈現出台灣四個季節的風景特色，請特別設計風景是同一個地方，但因爲季節改變而有不同風貌。

範例二

輸入提詞 設計同一個人物種子所產生的，同一個台灣年輕女性的四個不同年齡階段的照片，有著相同的姿勢、相同的造型、相同的外觀，只是年齡不同，而且每一個階段照片中只有一個人，最後畫面上只會出現四個人，且每個人物要清楚在畫面中。

4.3.6 生成特色對話框

在簡報和行銷美工設計中，對話框是不可或缺的元素，它能顯著提升訊息傳達的效果，使視覺設計更加生動且富有趣味。無論是在商業簡報、社交媒體貼文，還是行銷素材中，巧妙運用對話框都能為你的作品增添吸引力和表現力。這些對話框不僅能提升設計作品的質感，還能增加互動性，讓觀眾更加投入。接下來，我們將設計以下幾組圖像，每組包含四張圖，每張圖中都有一隻可愛的動物，並配有大而中間空白的對話框，讓你可以輕鬆添加文字，提升設計的靈活性和創意度。

範例一

輸入提詞 設計四張圖，可愛的貓咪加上對話框的圖像，每張圖都是同一隻貓咪，對話框盡量大並中間空白。

範例二

輸入提詞 設計四張圖，可愛的貓咪加上對話框的圖像，貓咪品種是蘇格蘭摺耳貓，每張圖都是同一隻貓咪，對話框盡量大並中間空白。

範例三

輸入提詞 設計四張圖，可愛的大頭狗加上對話框的圖像，狗的品種是法國鬥牛犬，每張圖都是同一隻狗，對話框盡量大並中間空白。

4.3.7 持續修改前一張圖片，或調用之前的圖片進行修改

在現代設計工作流程中，靈活地修改和更新圖像已成為必備技能，這不僅提升了創作效率，也確保了最終作品的品質與一致性。在本章節中，我們將透過具體的實作範例，學習如何使用相同的提示語和圖片種子來對已有圖像進行修改。我們將展示如何將白天的圖像轉變為夜晚的場景，同時保持圖像的整體風格和品質。這種技巧不僅適用於時間場景的轉換，也能用於色調調整、細節增強等多種圖像處理需求，讓你的設計更具靈活性與創造力。

範例

輸入提詞 請根據對話最開頭設計的「白天的自由女神像」圖片，使用同樣的提示語和同一張圖片種子，修改成夜晚的自由女神像。

4.4 製作高品質人物圖像的必備技巧

在本章節中，我們將深入探討如何生成生動且逼真的人物圖像。這不僅包括精確描述人物的物理特徵、服裝風格和個性魅力，還涵蓋情境背景的設定。要創作出高品質的人物圖像，掌握一些關鍵技巧是必須的。我們可以從以下四個面向來定義圖像的細節：物理特徵、服裝和風格、個性和魅力，以及情境和背景。只要你的提詞中涵蓋了這些元素，基本上就能產出高品質的圖像。以下的表格將條列出每一個項目的更多細節，供你在創作過程中參考：

物理特徵	服裝和風格	個性和魅力	情境和背景
碧綠的大眼睛	時尚的晚禮服	自信而迷人	在陽光下微笑
絲滑的長髮	自信的穿搭	聰明而風趣	散步於美麗的公園
粉嫩的腮紅	令人驚艷的首飾	貼心而善解人意	坐在咖啡廳品味咖啡
迷人的微笑	精心打理的髮型	慷慨和友善	欣賞沐浴在夕陽下的風景
曲線優美的身材	優雅的高跟鞋	有教養和多才多藝	拍攝時尚照片
優雅的手勢			
肌膚如玉			

4.4.1 生成真實美麗的女性形象

為了創作一個真實美麗的女性形象，我們需要詳細描述她的外貌、服裝、個性以及所處的情境。

範例一 公園散步的女性

輸入提詞 照片中展示了一位美麗的女性，在陽光下微笑著在公園散步。她有雙碧綠的大眼睛、絲滑的長髮和粉嫩的腮紅。她穿著一件時尚的晚禮服，佩戴著令人驚艷的首飾，頭髮也經過精心打理，腳踩優雅的高跟鞋。

範例二 咖啡廳的女性

輸入提詞 這位女性正坐在都市的咖啡廳，悠閒地品嚐咖啡。她的穿搭展現出自信，身上散發出自信而迷人、聰明而風趣的氛圍。

範例三 欣賞夕陽的女性

輸入提詞 照片中，一位女性站在一個有著寧靜水面的地方，臉上的表情是寧靜和欣賞。她正在欣賞沐浴在夕陽下的風景，夕陽的金色光芒照在她的臉上，使她看起來更加光亮。

範例四 時尚拍攝的女性

輸入提詞 這是一張時尚拍攝的照片，呈現女性的整體美、她的時尚穿搭和她所佩戴的精美首飾都成爲了焦點。背景故意模糊，使她成爲畫面的主要焦點，照明完美地照亮了她的特徵，突顯了她的服裝和首飾的細節。

4.4.2 創造不同情境和背景下的角色

我們將探索如何創造不同情境和背景下的角色，提供更多範例，讓你能夠靈活地組裝和調整提詞，生成更具特色的人物圖像。這些範例不僅擴展了你的創作思路，還展示了如何將各種要素融合在一起，打造出獨特而生動的角色。無論是描繪奇幻世界的勇士、都市叢林中的探險家，還是未來科幻場景中的人工智慧機器人，你都可以透過以下範例獲得靈感，創造出屬於自己的精彩人物。

範例一

輸入提詞 提供一個描述奇幻世界的角色，例如一位勇敢的冒險者，穿著鏽鐵盔甲，手持魔法劍，站在一座古老城堡的前面。

範例二

輸入提詞 創建一個未來世界的科技專家，可能有獨特的穿著，並處於一個充滿高科技設備的場景中。

範例三

輸入提詞 一位畫家或雕塑家的工作室，包括畫布、顏料、雕塑工具等，請創建一幅關於這位藝術家工作場所的圖像。

範例四

輸入提詞 請畫出一個未來科技時代的探險家角色，可以包括奇特的服裝、高科技裝備，並在一個未知的星球上冒險。

範 例 五

輸入提詞 請重新演繹並畫出無版權的經典文學作品中的某個角色，例如一名偵探在倫敦街頭解謎。

範 例 六

輸入提詞 請畫出一個描述歷史時刻的場景，例如一位維多利亞時代的紳士在古老的圖書館中閱讀。

範例七

輸入提詞 一位天才科學家的實驗室，包括實驗儀器、化學試劑，和他們在解決重大問題時的場景。

範例八

輸入提詞 一位半人半精靈的魔法師和一個外星生物的相遇。

4.4.3 配上通用提示詞模板，去尋找你心目中的女神吧！

與其直接提供結果，不如給你一個創作的模板。這個模板可以幫助您快速創建多樣化且具有創意的提示詞，用於生成更多樣化的角色。以下是通用模板格式及每一個參數明細的說明，這些可供您置換的文字選項將為您的創作提供更多靈感和可能性。

{風格} 的 {時代} 時期 {背景} 中的 {形容詞} {主題}，穿著 {服裝描述}，並且 {動作描述}。

1. **風格**：現代、古典、未來主義、幻想、日本動漫。
2. **時代**：維多利亞、20 世紀 20 年代、中世紀、古希臘。
3. **背景**：花園、城市、森林、海邊、夢幻的桃花林。
4. **形容詞**：優雅、神祕、可愛、勇敢、高貴。
5. **主題**：女士、女神、女郎、女勇士、女性。
6. **服裝描述**：維多利亞時期的服裝、賽博朋克服裝、傳統民族服裝、時尚的晚禮服、夏日的休閒服。
7. **動作描述**：在花園中漫步、在月光下舞蹈、探險、帶著面具神祕地凝視、在海邊漫遊。

範例一

輸入提詞 優雅的維多利亞時代花園背景中的高貴女士，穿著維多利亞時代的服裝，並在花園中漫步。

範例二

輸入提詞 神祕而美麗的夜晚月光背景中的神祕女神，穿著流蘇的長袍，並在月光下翩翩起舞。

更多參考範例提詞如下：

- 時尚的 20 世紀 20 年代城市背景中的時尚女郎，穿著華麗的禮服，並展示著當時的時尚風格。
- 夢幻的桃花林背景中的優雅女子，穿著輕盈的舞衣，並在桃花林中舞蹈。
- 古典的神殿背景中的古典女神像，穿著古希臘式的長袍，並保持著優雅的姿態。
- 未來主義的都市背景中的賽博龐克女士，穿著高科技的賽博龐克服裝，並展示著未來主義風格。
- 神祕的森林背景中的美麗女勇士，穿著勇士的裝備，並在神祕森林中探險。
- 神祕的宮殿背景中的神祕貴族女士，穿著豪華的貴族服裝，並戴著面具神祕地凝視。
- 可愛的日本動漫風格的城市背景中的動漫女孩，穿著日本校服，並展示著日本動漫風格的可愛表情。
- 傳統的自然背景中的優雅女性，穿著傳統民族服裝，並展示著民族的優雅與風情。

4.4.4 創造各國 AI 美女

創造各式 AI 真實的具備以下國家的特色美女圖片，美女的背景用該國家具代表性的地標或景點，需要的國家代表美女包括中國、英國、美國、法國、日本、西班牙、俄羅斯、印度、巴西、德國、澳洲、韓國…等 12 個國家。

範例一

輸入提詞 優雅的中國美女穿著紅色旗袍，悠然站在萬里長城的烽火台上，遠方是連綿不斷的山脈和古老的長城。

範例二

輸入提詞 英倫風格的美女穿著經典的窄裙套裝，優雅地站在倫敦眼的鐵架結構下，背景是泰晤士河和倫敦的繁忙天際線。

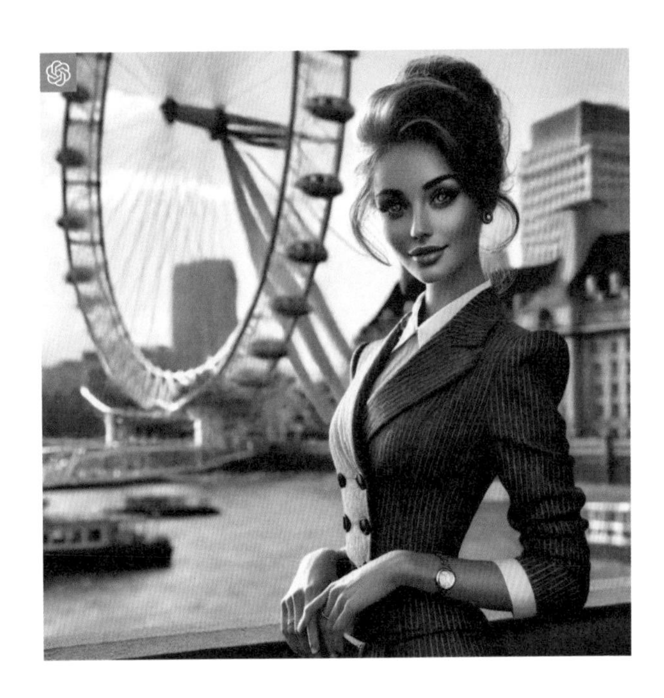

更多參考範例提詞如下：

- 時尚的美國美女穿著現代的休閒服，站在自由女神像的基座上，背後是熙來攘往的紐約港和城市天際線。
- 優雅的法國美女穿著高級時裝，站在艾菲爾鐵塔的觀景台上，背景是巴黎的浪漫天際線和清晨的霞光。
- 優雅的日本美女穿著和服，站在京都金閣寺的湖邊，背景是映著金閣寺的寧靜湖面和優美的日本庭園。
- 熱情的西班牙美女穿著弗拉明戈裙，站在巴塞隆納聖家堂的高處，背景是高第的建築藝術和城市的熱情風情。
- 俄羅斯美女穿著傳統的服裝，站在莫斯科紅場的中心，背景是克里姆林宮的壯觀風光和雪中的莫斯科。
- 印度美女穿著豔麗的莎麗，站在泰姬瑪哈陵的石階上，背景是壯觀的泰姬瑪哈陵和清晨的第一縷陽光。
- 活潑的巴西美女穿著狂歡節的服裝，站在里約熱內盧的基督像的基座上，背景是壯觀的里約市區和遼闊的大西洋。
- 德國美女穿著傳統的巴伐利亞服裝，站在柏林勃蘭登堡門的前方，背景是柏林的歷史建築和現代的城市風光。
- 澳洲美女穿著休閒的服裝，站在悉尼歌劇院的台階上，背景是壯觀的悉尼海港和悉尼海港大橋的輪廓。
- 優雅的韓國美女穿著傳統的韓服，站在景福宮的主入口，背景是傳統的韓式建築和秋天的楓葉。

4.5 專業級圖像生成模板

你是否曾碰過這樣的情況？ —— 腦海中的構思美好清晰，但在下提示詞時卻突然詞窮，無法精確表達。這種情況應該讓不少人感到困擾吧？這就是為什麼本節要介紹專業級圖像生成模板。有了這些模板，搭配詳細的解說與範例，您可以靈活調整各種參數，更精準滿足自己的需求與偏好。

在開始之前，我們應該先了解在進行圖像生成時，對於模型下提示詞時有哪些參數可以使用。以下是相關的常用參數與模板：

1. **Prompt（提示詞）**：描述您希望生成的圖像的詳細文字說明。這是最重要的參數，因為它決定了圖像的內容。請參考下面第 6 至 11 的項目內容，將可以大幅提升產出的品質。
2. **Size（尺寸）**：指定圖像的尺寸。常見的選項包括：
   - 1024×1024（正方形）
   - 1792×1024（寬屏）
   - 1024×1792（全身肖像）
3. **Number of Images（圖像數量）**：您希望生成的圖像數量。預設情況為 1。
4. **Referenced Image IDs（引用圖像 ID）**：如果您希望基於之前生成的圖像進行修改，可以提供之前圖像的 ID。
5. **Seed（隨機種子）**：用於控制生成圖像的隨機性。使用同一個 Seed 種子號碼，可以讓您在多次生成圖像時獲得一致的結果。
6. **圖像類型與風格**：
   - 圖像類型：例如指定油畫、水彩畫、水墨畫、卡通等類型。
   - 藝術風格：印象派風格（受莫內風格影響）

7. **主場景背景與光線：**

- 背景：木質地板和牆壁的室內書房，有一個木製書架，擺放著各種書籍和飾品。
- 光線：從左側進入的柔和陽光，照射在書桌和地板上，形成溫暖的光影效果。

8. **主要元素、位置與動作：**

- 主要元素：一隻中央位置的橙色貓，有點像美短品種。
- 位置：正躺在書桌上，頭部稍稍抬起。
- 動作：打呵欠，眼睛半閉。

9. **附加元素、位置與動作：**

- 附加元素：右上角有一扇半開的方形窗戶，窗台上放著一盆盛開的紫色鬱金香。
- 玻璃反射陽光，光影投射在地板上形成柔和的模式。

10. **情感、氛圍與敘事：**

- 情感：安靜且悠閒。
- 氛圍：貓咪剛從午睡中醒來，窗外的花朵也在和煦的陽光中悠然綻放，書房充滿了知識和寧靜的氛圍。

11. **特定指令或細節：**

- 情感：貓咪的毛皮顏色應該是橙色，並帶有柔和的紋理，眼睛顏色為翠綠。
- 氛圍：窗戶的玻璃應反射出陽光的光影效果，投射在地板上，形成特定的光影模式。

範例一

輸入提詞 一位維多利亞時代的紳士在古老的圖書館裡讀書。這位紳士穿著適合那個時代的服裝，搭配背心和領結。圖書館裡擺滿了高大的書架、古董家具，柔和又溫暖的燈光，營造出一種追求知性、寧靜的氛圍。size:1024×1792，給我 referenced image ids 與 seed。

這是展示維多利亞時代紳士在古老圖書館裡讀書的圖像。以下是相關的參數：

- Referenced Image ID: zajHR4oRlog7rXx8
- Seed: 145432833

範例二

利用圖像 ID，進行二次創作，使圖像一致。

輸入提詞 用這個圖片 Referenced Image ID: zajHR4oRlog7rXx8，裡面加入一隻黃金獵犬。

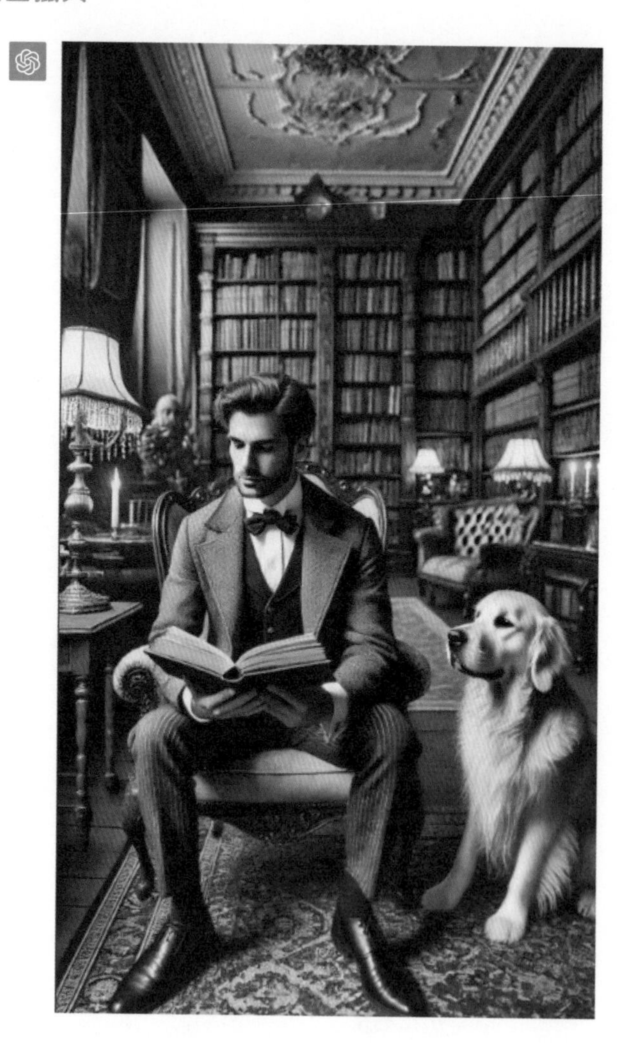

範例三 未來城市的夜晚

- **圖像描述**：這是一個未來城市的夜晚場景。畫面是正方形，解析度為1024×1024。背景是一座高樓大廈環繞的城市，光線來自高樓的LED照明，創造出迷人的未來感光影效果。
- **主要元素**：中央的橙色貓站在高樓頂上，眺望遠方的城市景色，眼神充滿好奇。
- **附加元素**：城市的天際線充滿了光束和漂浮的飛行汽車，星星點綴在夜空中。
- **情感與氛圍**：這個畫面充滿了未來城市的奇幻和探索的情感。貓咪似乎在思考未來的可能性，城市夜晚的景色令人讚嘆。
- **特定指令**：貓咪的橙色毛皮帶有銀色的未來感，眼睛是深藍色。未來城市的光束和星星增添了夜晚的神祕氛圍。

輸入提詞 將上述內容直接當提示詞即可，包括標題。

範例四 魔法森林的冒險

- **圖像描述**：這是一幅充滿魔法的森林冒險場景。1792×1024：寬圖像。背景是一個神祕的森林，樹木巨大而古老，綠意盎然，陽光透過樹葉照亮森林。
- **主要元素**：中央的橙色貓站在一塊巨石上，前腳伸展，好奇地凝視著一個閃閃發光的魔法符文。
- **附加元素**：森林中飛舞著微小的精靈，一條溪流潺潺流過，一朵巨大的魔法花盛開在一旁。
- **情感與氛圍**：這個畫面充滿了魔法和探險的情感。貓咪似乎被魔法符文吸引，森林充滿了神祕的氛圍。
- **特定指令**：貓咪的橙色毛皮有著微光的紋理，眼睛是寶藍色。魔法森林的精靈和魔法花增添了神奇感。

輸入提詞 將上述內容直接當提示詞即可，包括標題。

4.6 大師級圖像生成模板

這裡提供 10 個模板，並演示其中前二項的成品，有了模板，能提供你更多想像的空間，進一步創造更高品質、更具價值與符合實際應用場景需求的圖像。

1. **反烏托邦模板**：「照片顯示一座被高科技監控的浮空城市，每個街道都充滿了穿戴高科技裝甲的士兵。在一個廣場上，市民正聚集著抗議，尋找著久違的自由水源。」

2. **藝術解構模板**：「油畫以印象派風格重新詮釋了《蒙娜麗莎》。她的臉孔被四分五裂，色彩錯亂地重新組合，背景中加入了現代城市的高樓大廈。」

3. **時光交錯模板**：「插畫描述了羅馬鬥獸場的場景，但有些不同。鬥士們正圍在一起玩智慧型手機，觀眾則對這神奇的小玩意兒更感興趣，比鬥獸還要吸引人。」

4. **夢境模擬模板**：「水彩畫展示了一座飄浮在空中的山峰。天空中的魚正自由地飛翔，而山頂上的樹木結出五顏六色的糖果果實。整個場景充滿了夢幻和驚奇。」

5. **天然與人造模板**：「照片揭示了一片熱帶雨林的景色，但雨林的中央有一座玻璃穹頂的現代酒店。酒店四周生長著豐富的熱帶植物，與高科技的建築完美融合。」

6. **科技與傳統模板**：「插畫展示了一間日本傳統茶室，但茶師是一台機器人，而參與茶道的客人正戴著虛擬現實頭盔，體驗著茶道的歷史和文化。」

7. **平行宇宙模板**：「照片呈現了和平的地球，但天空中出現了一扇通往平行宇宙的門。這扇門的另一邊是一片水下的地球，那裡的居民正熱情地歡迎我們。」

8. **維度穿梭模板**：「油畫描述了一座繁忙的三維城市，但城市的一角有一扇門，門的另一邊是一片立體的畫布世界。一名藝術家正從畫布中走出，進入我們的三維世界。」

9. **元宇宙探索模板**：「照片展現了元宇宙中的一個遊樂園，全像投影的遊客與數字化的動物玩耍。一群玩家正在沙漠中進行寶藏狩獵，希望找到隱藏的獎勵。」

10. **未來預想模板**：「插畫描繪了 2150 年的地球。在這個後人工智慧時代，心靈傳輸已成為日常，而全球所有物件都透過網絡智能互聯。在一個廣場上，人們正使用心靈傳輸分享彼此的記憶和情感。」

範例一

輸入提詞「照片顯示一座被高科技監控的浮空城市，每個街道都充滿了穿戴高科技裝甲的士兵。在一個廣場上，市民正聚集著抗議，尋找著久違的自由水源。」

範例二

輸入提詞「油畫以印象派風格重新詮釋了《蒙娜麗莎》。她的臉孔被四分五裂，色彩錯亂地重新組合，背景中加入了現代城市的高樓大廈。」

4.7 結語

在本章節中，我們深入探討了使用 ChatGPT 進行圖像生成的實際操作，涵蓋了從基礎到進階的各種應用。無論您是圖像設計的新手，還是具備經驗的專業人士，都能透過這些技巧和範例獲得靈感與實用知識。我們探討了多種創作技巧，包括人物設計、場景生成、圖像合併及修改等，並提供了具體的提示詞模板，幫助您在各種創意設計中靈活應用。透過這些實作範例，您將學會如何利用 ChatGPT 的強大功能，創作出令人驚艷的視覺作品，進一步提升您的設計效率和作品質感。

MEMO

CHAPTER 5

ChatGPT 圖像理解實際操演

歡迎來到本章節，我們將探索如何利用 ChatGPT 或目前推出的最新模型進行圖像理解的實際操作。隨著人工智慧技術的飛速發展，圖像理解變得越來越精確、迅速。在現代工作環境中，能夠快速且準確地解析圖像訊息，無論是創意設計還是數據分析，都是非常寶貴的技能。

本章將透過十個實作範例，展示如何使用 ChatGPT 的圖像理解能力，幫助你發揮創意，提升工作效率。每一個範例都聚焦於不同的應用場景，讓你能夠全面掌握這項技術的實際應用。

5.1 從菜餚生成食譜

這是一個非常有趣且實用的項目！想像一下，只需拍一張美食的照片，透過 ChatGPT 的解析，就能自動生成詳細的食譜，包括所需的食材、烹飪步驟和技巧。這對於美食愛好者和廚師來說，無疑是一個極具潛力的功能。

無論你是想學習新的菜式，還是希望在日常烹飪中增加創意，這項技術都將成為你的好幫手。讓我們一起來學習如何從菜餚照片中生成食譜，並開啟一段美食創作的精彩旅程吧！

範例一 將一張菜餚的照片轉化為可實踐的食譜

01 STEP 上傳想要動手烹飪的美食圖片。

02 STEP 輸入提詞 這道菜是什麼？告訴我怎麼製作。

這道菜是台灣常見的「沙拉竹筍」。這是一道涼拌料理，使用新鮮的竹筍為主料，配上美乃滋（蛋黃醬）作為調味，口感清爽，竹筍脆嫩，是一道適合夏季食用的開胃菜。以下是製作方法：

材料：

- 新鮮竹筍：500 克
- 美乃滋（蛋黃醬）：適量
- 生菜葉：適量（裝飾用）
- 醋：1 湯匙
- 糖：1 茶匙
- 鹽：少許
- 冰水或冷開水：適量

範例二 從冰箱中的食材與用餐時間，創造創意料理

01 STEP 上傳您目前冰箱中的食材圖片。

02 STEP 輸入提詞 我要做晚餐，請利用這些食材，給我建議，包括製作過程。

根據您提供的冰箱裡的食材，這裡有一個適合晚餐的建議菜單，包含幾道菜餚，並附上簡單的製作過程：

菜單建議：

1. 清炒蔬菜拼盤
2. 蒜香烤雞胸肉
3. 水果沙拉
4. 全麥三明治

---

1. 清炒蔬菜拼盤

食材：

- 各種綠色葉菜（如萵苣、菠菜等）

03 STEP **輸入提詞** 請用這些食材，我想要做蔬食料理。

根據您冰箱中的食材，這裡提供一個適合蔬食料理的晚餐菜單建議：

菜單建議：

1. 綜合蔬菜烤盤
2. 奶油菠菜濃湯
3. 水果鮮蔬沙拉

5.2 將 UI 設計轉換爲前端程式碼

我們將展示如何將 UI 設計圖轉換為前端程式碼，這項技術將大大加快設計師和開發人員的工作流程。隨著前端開發需求的增加，能夠將設計圖迅速轉變為可操作的程式碼變得越來越重要。這不僅可以提高工作效率，還能確保設計與最終產品的一致性。

透過使用 AI 技術，我們可以自動識別設計圖中的各種元素，如按鈕、輸入框、導航欄等，並將其轉換為 HTML、CSS 和 JavaScript 程式碼。這樣，設計師只需專注於創作視覺效果，而開發人員則能快速實現設計，減少繁瑣的手動撰寫程式碼的過程。

我們將以一個實際的 UI 設計範例為基礎，演示如何將設計圖轉換為實用且可操作的前端程式碼。

01 STEP 上傳想要轉換為前端的介面圖片。

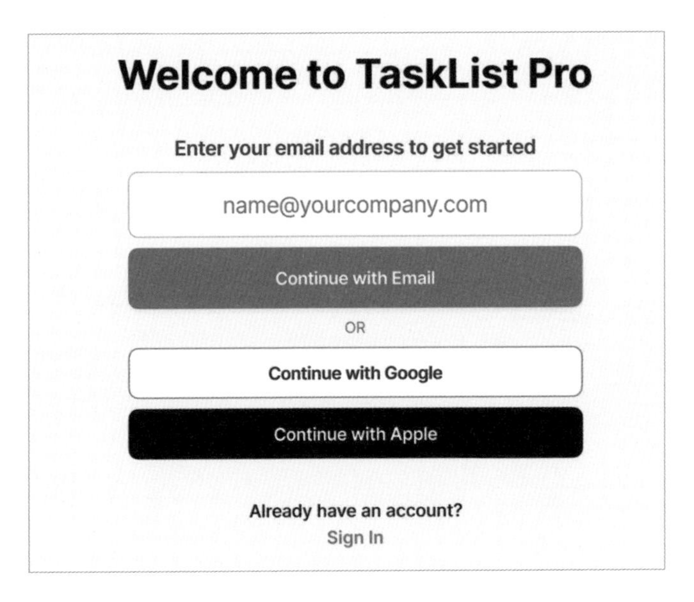

02 STEP **輸入提詞** 將 UI 設計轉換爲前端程式碼。

HTML

html

```
<!DOCTYPE html>
<html lang="en">
<head>
    <meta charset="UTF-8">
    <meta name="viewport" content="width=device-width, initial-scale=1.0">
    <title>TaskList Pro</title>
    <link rel="stylesheet" href="styles.css">
</head>
```

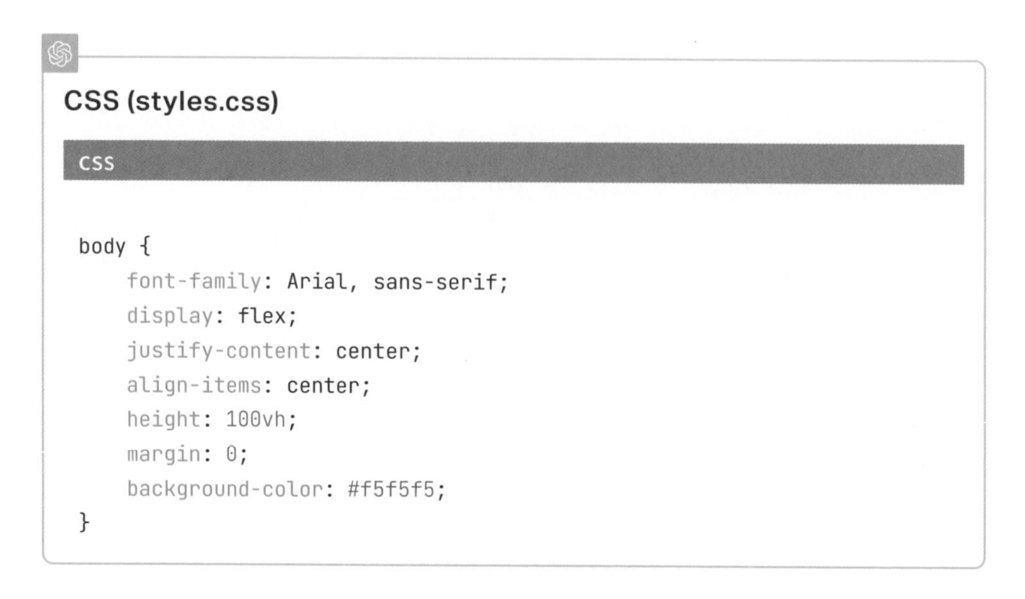

CSS (styles.css)

css

```css
body {
    font-family: Arial, sans-serif;
    display: flex;
    justify-content: center;
    align-items: center;
    height: 100vh;
    margin: 0;
    background-color: #f5f5f5;
}
```

03 STEP 將得到的 html 與 css 內容分別複製並存成本地檔案 demo.html 與 styles.css，並點擊 demo.html，得到前端頁面如右圖，幾乎和原本的拍照圖片長得一樣：

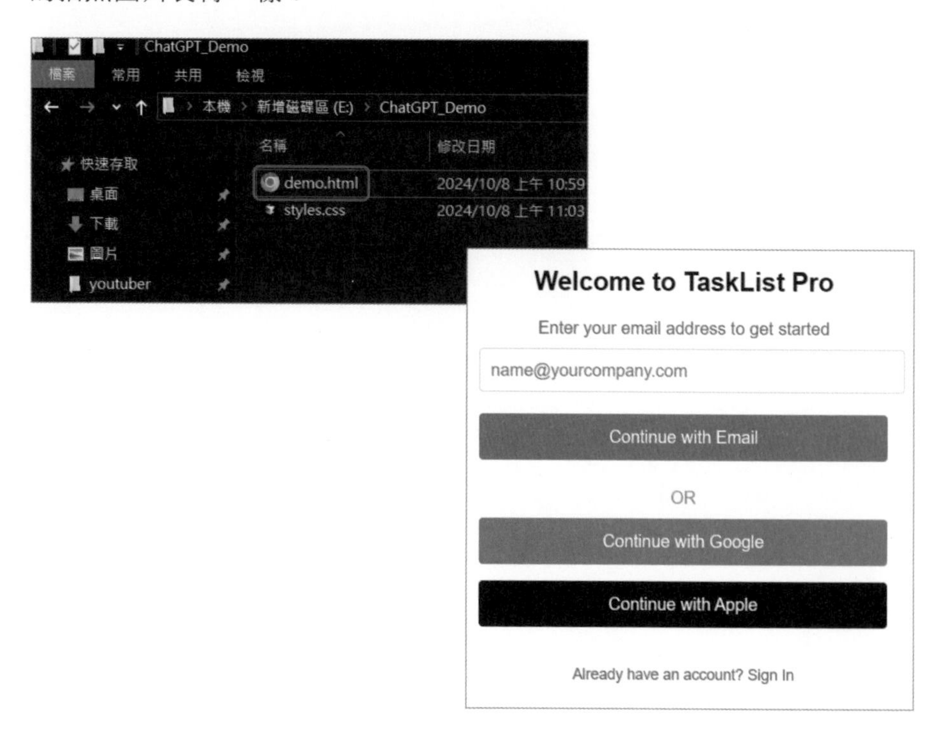

5.3 從圖像中提取文本

無論是文件、證照、身份證、標示牌，還是各類截圖，都可使用 ChatGPT 幫你迅速識別並提取其中的文字內容，尤其目前很多網站禁止複製內容。

圖像中的文本提取，對於需要處理大量數據和文件的專業人士來說，是一項非常實用的技能。**透過這項技術，你可以快速將圖像中的文字轉換爲可編輯的數字文本，無須手動輸入，節省了大量時間和精力。**

我們將展示如何從不同類型的圖像中提取文本，並將這些文本應用於各種場景。無論你是需要從證件中提取個人訊息，還是從標示牌中識別地址，或者從截圖中提取重要資料，這些技術都能協助你更迅速地完成處理並加以應用。

範例一 證件資料轉文字

01 STEP 上傳想要轉換的圖片，以證件圖為例。

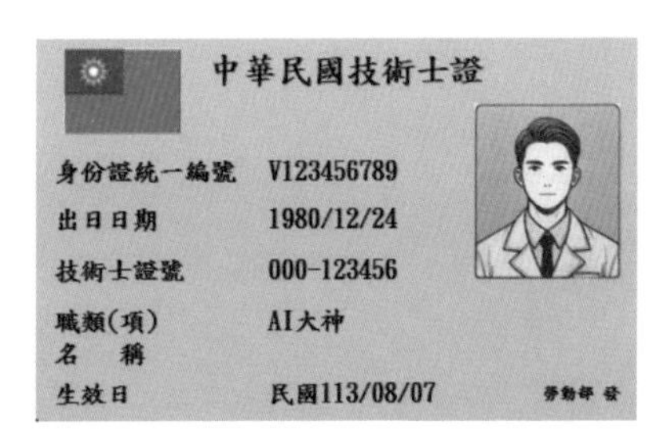

02 STEP 輸入提詞 從圖像中提取文本

從您提供的圖像中提取的本文如下：

中華民國技術士證

身份證統一編號 V123456789
出日日期 1980/12/24
技術士證號 000-123456
職類（項）AI 大神
名稱
生效日 民國 113/08/07
勞動部 發

範例二 紙本或圖片轉文字

01 STEP 上傳想要轉換的圖片，這裡我們上傳一首古詩。

詩名: 黃 鶴 樓
作者: 崔 顥
詩體: 七 言 律 詩
詩文:

昔 人 已 乘 黃 鶴 去 ，　此 地 空 餘 黃 鶴 樓 。
黃 鶴 一 去 不 復 返 ，　白 雲 千 載 空 悠 悠 。
晴 川 歷 歷 漢 陽 樹 ，　芳 草 萋 萋 鸚 鵡 洲 。
日 暮 鄉 關 何 處 是 ，　煙 波 江 上 使 人 愁 。

02 STEP 輸入提詞 從圖像中提取文本。

詩名：黃鶴樓

作者：崔顥

詩體：七言律詩

詩文：

昔人已乘黃鶴去，此地空餘黃鶴樓。

黃鶴一去不復返，白雲千載空悠悠。

晴川歷歷漢陽樹，芳草萋萋鸚鵡洲。

日暮鄉關何處是？煙波江上使人愁。

5.4 解析股票技術線圖

我們將深入探討如何使用 ChatGPT 解析股票技術線圖，幫助投資者洞悉市場趨勢和指標，從而做出更明智的投資決策。股票技術線圖是投資者分析市場的重要工具，它們能夠提供關於價格走勢、交易量和技術指標等關鍵數據的訊息。

透過學習如何解析這些圖表，即使你對技術分析不太熟悉，也可以輕鬆掌握圖表中的關鍵訊息，從而更好地預測市場動向。在這個章節中，我們將展示如何透過 ChatGPT 來解讀各種技術指標，包括移動平均線（MA）、相對強弱指數（RSI）、MACD 等，這些指標能夠幫助你識別買入或賣出的時機。

您可以訪問 yahoo 網頁的以下連結來取得實際的技術線圖作為學習範例：https://tw.stock.yahoo.com/quote/2330.TW/technical-analysis，讓我們一起來探索如何使用技術線圖來進行有效的市場分析，並提升你的投資技巧吧！

STEP 01 上傳技術線圖。

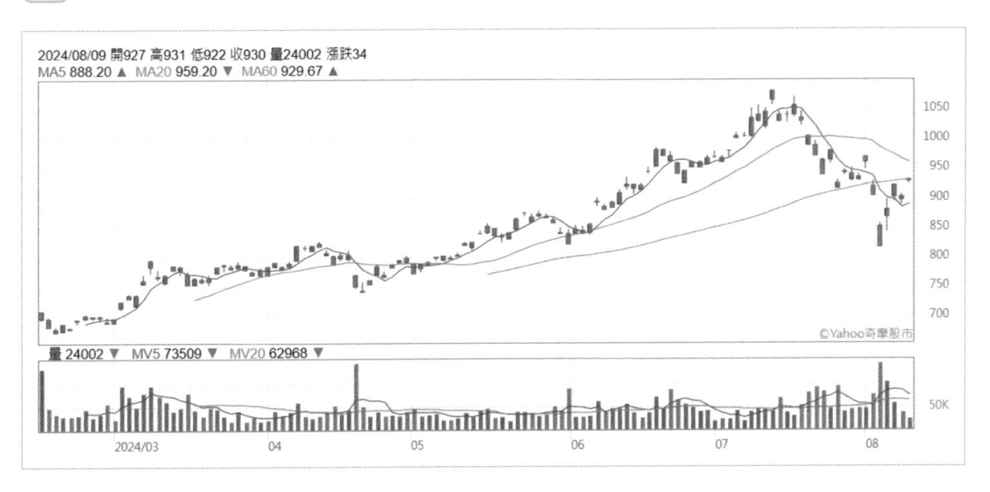

圖片來源：截取自 https://tw.stock.yahoo.com/quote/2330.TW/technical-analysis

02 STEP **輸入提詞** 解釋這張圖。

這張圖表顯示了一隻股票的價格走勢及其交易量，應該是從 2024 年 3 月到 8 月的日線 K 線圖。以下是圖表的各個要素及其含義的解釋：

1. **日期軸（橫軸）**：橫軸顯示了時間，從 2024 年 3 月到 2024 年 8 月。
2. **價格軸（縱軸）**：縱軸顯示了股價的範圍，大約從 700 到 1050 之間。
3. K 線：
   - 紅色 K 線代表股票價格上漲（收盤價高於開盤價）。
   - 綠色 K 線代表股票價格下跌（收盤價低於開盤價）。
   - 每一根 K 線由一根豎線和上下兩根短橫線組成，其中豎線代表當天的價格波動範圍（最高價到最低價），上下兩根短橫線分別代表開盤價和收盤價。

總結來說，這張圖顯示該股票在最近幾個月的價格上漲趨勢，並且在近期出現了一些調整。股價在達到高點後有回落的跡象，目前價格似乎在尋找支撐位。成交量顯示近期有明顯的波動，特別是在價格回落時，成交量顯著增加。

5.5 幫你讀懂統計圖表

我們將探討如何使用 ChatGPT 來解讀複雜的統計圖表。無論是工作報告中的數據圖表，還是學術研究中的統計圖，對於許多人來說，這些圖表可能顯得難以理解。但即使你對統計學並不熟悉，也完全不用擔心，因為 ChatGPT 能夠幫助你輕鬆理解圖表中的訊息。

我們將展示如何透過簡單的描述和提問，讓 ChatGPT 為你解讀各類統計圖表，無論是折線圖、柱狀圖、餅圖還是散點圖，ChatGPT 都能夠提供清晰、易懂的解釋。你將學會如何透過 ChatGPT 了解數據趨勢、識別關鍵訊息，並掌握數據分析的結果。

無論你是需要準備一份數據報告，還是想更好地理解研究中的圖表，這些技巧都將幫助你輕鬆應對統計圖表的挑戰。一起來看看如何使用 ChatGPT 解讀複雜的統計圖表，並探索這項技術在數據分析中的無限可能吧！

01 STEP 上傳一張統計圖表。

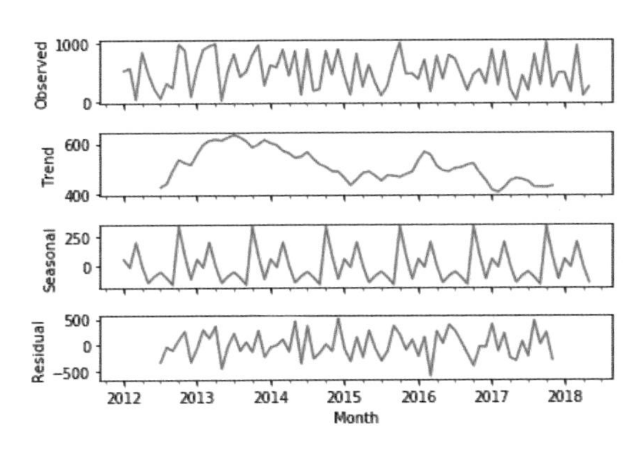

NOTE

此圖是透過統計手法產生的季節性分析圖表。對於沒有學過統計學的人，單靠觀看圖表可能無法理解其中的意義。但現在利用 ChatGPT，你不在需要依賴具有專業統計背景的人，自己也能完成這些以往看似不可能的任務。

02 STEP **輸入提詞** 解釋這張圖。

這張圖顯示的是一個時間序列的分解結果，通常是將時間序列數據分解爲趨勢（Trend）、季節性（Seasonal）和殘差（Residual）三個部分。這種分解方法常用於分析時間序列數據，以更好地理解其內在結構。下面是對每個部分的解釋：

1. Observed（觀測值）：
   - 這是原始的時間序列數據，通常顯示的是隨著時間變化的某些觀測值。在這張圖中，數據的範圍是從 2012 年到 2018 年，顯示出每個月份的觀測值。觀測值可能包含了趨勢、季節性變化以及隨機波動。
2. Trend（趨勢）：
   - 這部分顯示的是時間序列中的長期趨勢。圖中顯示的趨勢線表明數據在 2012 年到 2018 年間的整體走勢。在這個例子中，趨勢先是上升，然後在 2015 年左右達到峰值，接著開始下降並穩定下來。

5.6 當你的福爾摩斯進行圖像的推理

我們將探討如何利用 ChatGPT 進行圖像推理，像福爾摩斯一樣，從圖像中提取有用的訊息，進行推理和分析，幫助你解決各種問題。無論是辨識細節、發現異常，還是推斷場景中的隱藏訊息，這些能力都可以大大提升你在工作和生活中的問題解決能力。

圖像推理是一項極具挑戰性的任務，涉及到對視覺線索的深入理解和分析。透過這項技術，你可以在複雜的圖像中挖掘出關鍵訊息，從而做出更明智的決策。

我們將展示如何利用 ChatGPT 的圖像推理能力，幫助你在各種場景中應用這項技術。無論是分析犯罪現場、解讀監控畫面，還是理解新聞照片中的隱含訊息，這些技巧都將讓你如同福爾摩斯般敏銳，迅速抓住重點，並做出合理推斷。

範 例 一

我們準備一張有風箏在天空的照片，並且在照片上用紅圈標示著風箏線。請 ChatGPT 告訴我們，當剪掉圖片中紅色標示的線時，會發生什麼事情。透過這個方式來驗證 ChatGPT 的推理能力。

01 STEP 上傳圖片。

02 STEP **輸入提詞** 圖中紅色框框標示的線，如果剪斷會發生什麼事？

在這張圖片中，紅色框框標示的線應該是風箏的牽引線。如果這條線被剪斷，風箏將會失去與地面的連接，這意味著風箏將無法受到地面控制。此時，風箏會隨著風向自由飄動，逐漸失去高度，最終可能會墜落或被風吹向遠處。如果風速較大，風箏可能會飄走，最終消失在視線之外。

範 例 二

我們準備一張停放在地面的飛機，並且問 ChatGPT 如果飛機失去動力會發生什麼事？正常來說，ChatGPT 不應該要告訴你飛機失去動力會掉下來之類的，因為飛機並沒有在天空飛行。這個案例是用來考察 ChatGPT 的理解能力。

01 STEP 上傳圖片。

 **輸入提詞** 說明這張圖，如果圖裡面的物體失去動力會發生什麼事？

這張圖顯示一架停在機場跑道上的大型客機。如果這架飛機在滑行或飛行過程中突然失去動力，會有以下幾種情況發生：

1. **在地面滑行中失去動力**：如果飛機在地面滑行時失去動力，飛機會逐漸減速，最終停下來。由於失去動力的飛機無法再控制方向或速度，因此需要使用地面上的緊急措施來處理，例如拖車來拖動飛機或地勤人員進行維修。

2. **在起飛或降落時失去動力**：如果飛機在起飛或降落過程中失去動力，這可能會非常危險。飛機可能無法達到所需的高度或穩定降落，這會導致緊急降落甚至墜毀。飛行員可能會試圖使用剩餘的動能或借助周邊設施（如跑道或草地）來進行迫降。

5.7 理解時尚，提供穿搭建議

我們可以上傳圖片，讓 ChatGPT 進行時尚解析。接著，可以根據搭配需求下指令，讓生成的圖比較貼近自己的性別、年齡、髮型、膚色、季節等個人特徵。

範 例 一

我們準備一張時尚風格的圖片，進行解析。

01 STEP 上傳圖片。

02 STEP **輸入提詞** 你現在是時尚專家，以專業的角度，針對這圖片的穿搭進行評鑑。

這張圖片中的穿搭展現了非常高水準的冬季職場時尚，從專業的角度來看，這位男士的整體造型兼顧了保暖、專業以及時尚感。以下是針對這套穿搭的詳細評鑑：

1. 外套

他選擇了一件深藍色的羊毛大衣，這種大衣不僅質感出色，還非常適合冬季的職場環境。深藍色是經典且百搭的顏色，能夠與各種內搭和配件完美融合，同時也不會過於沉悶。大衣的剪裁修身且得體，肩部線條明確，展現出男性的陽剛氣質和專業感。

2. 內搭

高領米色針織毛衣的選擇非常貼心，既保暖又舒適。米色與深藍色形成柔和的對比，讓整體造型看起來不會過於單調。高領設計還能夠有效抵禦寒風，同時增添了一絲休閒的感覺，適合在職場環境中展現個人風格。

範例二

結合個人的特徵提供穿搭建議，大致要點如下，我們可以依照這些要點來生成女性的時尚穿搭建議：

- **性別**：這會影響穿搭的整體風格選擇，例如男裝或女裝。
- **年齡**：不同年齡段有不同的時尚需求，年輕人可能更傾向於潮流時尚，而成熟的年齡層可能更關注質感與剪裁。
- **髮型**：髮型的長短、顏色和風格會影響整體造型的搭配。
- **膚色**：膚色影響顏色選擇，冷暖色調的衣服可能對不同膚色的人有不同的效果。
- **季節**：是春夏還是秋冬？這決定了衣服的材質、厚度和款式。
- **場合**：是否是正式場合、休閒場合還是運動場合？這決定了服裝的風格和配件選擇。
- **喜好**：如顏色偏好、喜歡的品牌、是否喜歡配飾等。

01 STEP **輸入提詞** 生成一張年輕時尚女性的圖片，她大約二十多歲，擁有長而微捲的棕色頭髮和白皙的膚色。她穿著適合城市休閒日的韓式秋季時尚服裝，包含一件米色風衣、奶油色針織毛衣、深藍色緊身牛仔褲和短靴。她還攜帶一個棕色皮革手提包，並佩戴簡單的金色飾品。背景應該是一條現代城市街道，上面散落著落葉，在柔和溫暖的光線下展現。

02 STEP 接續前面，想要生成日系風格，也是同樣簡單。

輸入提詞 請轉換成日系風格。

5.8 解圖成詩

上傳一張圖，就能生成一個詩詞？現在透過 ChatGPT 我們可以輕鬆實現這一點，將靜態的圖片轉換為豐富的文字描述。圖像與文字的結合，瞬間產生了新的故事。想一想，如果你是自媒體創作者，這樣的技巧是否能節省大量時間並激發更多創意內容。

範例

筆者準備了多年前到日本北海道旅遊時所拍攝的圖片。背景雖然簡單，但卻富有含義。現在，我要請 ChatGPT 幫我處理這張圖片。

01 STEP 上傳圖片。

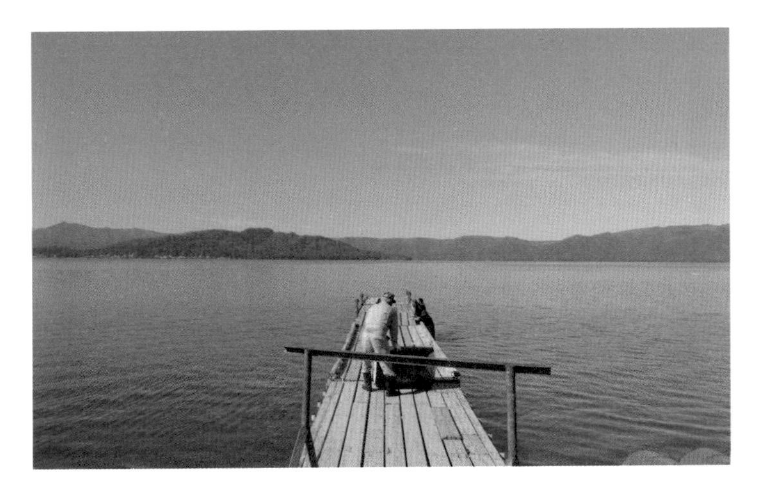

02 STEP **輸入提詞** 解析這張圖片，並且寫一首符合這張圖片的詩詞。

這張圖片展示了一個平靜的湖泊，遠處是環繞的山巒，天空湛藍，沒有一絲雲彩。兩個人在木製的碼頭上忙碌，其中一個人彎腰似乎在整理或搬運什麼物品。整個畫面給人一種寧靜而深邃的感覺，彷彿時間在這裡靜止，只有水波輕輕拍打著碼頭。

以下是一首與這張圖片氛圍相符的詩詞：

湖山如畫靜無聲，
天藍水碧映初晴。
一葉小舟隨浪去，
兩人悠悠載遠情。
且將繁忙暫拋卻，
心隨雲影共天青。
誰知歲月流如水，
只待此刻夢中行。

5.9 解讀地理環境背後的歷史

這張照片是作者多年前與父親一同前往日本北海道旅遊時拍攝的。或許你也有不少旅遊時拍攝的照片，但還撥不出時間整理它們、或更深入了解所訪名勝古蹟的相關資訊。這時，你可以請 ChatGPT 幫助你完成這些任務。

範例

這張照片是作者多年前與父親一同前往日本北海道旅遊時拍攝的。

01 STEP 上傳圖片。

 **輸入提詞** 解析圖片，告訴我關於這圖片所在地理位置的歷史。

這張圖片展示了兩個人在一個名爲「摩周湖」的湖泊旁邊合影，背景中可以看到湖泊和周圍的山脈。圖片中還有一個木製標誌，上面寫著「阿寒國立公園」和「神秘之湖摩周湖」，顯示出這個地點位於日本北海道的阿寒國立公園內。

摩周湖的歷史與地理背景

摩周湖 (Lake Mashu) 是位於北海道東部的火山湖，屬於阿寒國立公園的一部分。它形成於大約 32,000 年前，是因火山活動導致火山口塌陷而形成的火山口湖。摩周湖以其極高的透明度著稱，一度被認爲是世界上透明度最高的湖泊之一。

摩周湖被稱爲「神秘之湖」，這個稱號來自於它的神祕氛圍以及湖面上常年飄浮的霧氣。由於其透明度高和景色壯麗，這裡成爲了北海道著名的旅遊景點之一。湖泊四周被陡峭的火山壁環繞，並且由於環境保護，湖的水面上不允許船隻行駛，這使得湖泊保持著非常純淨的狀態。

文化與傳說：

摩周湖在日本文化中也有著神祕色彩。當地有一個傳說，據說如果一位單身女性第一次看到摩周湖的全貌，她就會很長一段時間無法結婚。這種神祕的傳說更增添了湖泊的魅力。

總的來說，摩周湖是一個兼具自然美景與神祕文化背景的地點，是北海道自然景觀中的瑰寶。

5.10 解讀任何物件的背景資訊

這張圖片同樣是北海道旅遊時拍攝的，圖片右邊是作者的父親。但這次我想了解的主角不是他，而是站在旁邊的這隻狐狸。由於我對日本文化不太熟悉，所以希望請 ChatGPT 幫忙介紹一下狐狸在日本文化中的意義或背景故事。

01 STEP 上傳圖片。

02 STEP **輸入提詞** 請告訴我圖片中的動物是什麼，與牠的歷史。

圖片中的動物是一隻狐狸雕像。狐狸在日本文化中有著深厚的歷史和象徵意義，尤其是在神道教中，狐狸（被稱爲「狐」或「稻荷神」）被視爲稻荷神的使者。稻荷神是掌管農業、米飯、商業和繁榮的神明，稻荷神社經常可以看到狐狸的雕像，牠們被認爲具有靈性，能夠保護神社並傳達神的意志。

狐狸在日本傳統文化中的形象非常複雜，牠們既被視爲善良的守護者，也有時被看作是狡猾和欺騙的化身。在民間傳說中，狐狸常常被描繪成擁有變身能力的神祕動物，能夠變成人形，並以此來迷惑或幫助人類。

在這個背景下，這個狐狸雕像很可能代表的是稻荷神的使者，是一個象徵保護、繁榮和靈性的形象。這樣的雕像通常會出現在稻荷神社的入口處或附近，以象徵稻荷神的保護與庇佑。

5.11 結語

在本章節我們探討了如何利用 ChatGPT 或最新的 AI 模型進行圖像理解的實際應用。隨著人工智慧技術的進步，圖像理解變得更加精確、迅速，成為現代工作環境中不可或缺的技能。本章透過 10 個實作範例，涵蓋了從生成食譜、轉換 UI 設計到解析技術線圖、統計圖表等多種應用場景，幫助讀者掌握這項技術的實際操作。無論是在創意設計、數據分析，還是日常生活中，這些技能都能幫助您顯著提升工作效率和解決問題的能力。

MEMO

CHAPTER 6

ChatGPT 數據分析新體驗——Chat BI 實際操演

在這個數據驅動的時代，企業的競爭優勢越來越依賴於對數據的深入理解和快速應變。然而，對許多人而言，除了需要具備一定的資訊背景外，複雜的數據分析工具和編程語言更是成為了一道難以逾越的障礙。ChatGPT 的出現極大地降低了進行數據分析的門檻，可以說，這幾乎消除了所有技術門檻。作者自 2023 年 ChatGPT 首次受到全球矚目時便開始深入研究與實踐，經歷了近二年的時間，累積了豐富的經驗，並親身體驗到，充分運用 ChatGPT 不僅能讓每個人都有機會成為數據分析師，還能幫助你在職場上脫穎而出。本章將帶領你進入一個全新的數據分析世界。

在這裡，我們將從零開始，你不需要任何編寫程式碼的經驗，只需充分利用 ChatGPT 的強大能力進行數據分析。你將學會如何在最短的時間內完成從數據清理、分析到報告生成的完整流程。不僅如此，我們還將展示如何將這些技能應用於實際業務場景，從基本的數據分析入門，到複雜的房地產資訊加值利用，再到快速生成專業的銷售分析報告和公司財報分析。我們還特別安排了設備維護保養的獨家分析技巧，幫助你在日常業務中獲得獨特的競爭優勢。

準備好迎接零代碼數據分析時代的挑戰，並充分發揮 ChatGPT 在 Chat BI 場景中帶來的無限可能吧！

6.1 零代碼數據分析時代來臨，你準備好 Chat BI 了嗎？

傳統的 BI（Business Intelligence，商業智慧）通常指的是企業使用一系列專業工具和軟體，例如微軟的 PowerBI，用它來收集、處理和分析大量的數據，以便做出更好的商業決策。這些工具通常功能強大，但也比較複雜，往往需要數據專家或分析師來操作。雖然 BI 工具發展到現在，也幾乎可以說是一般使用者對能較快速使用，但事實上，使用者仍然需要學習如何使用這些工具，並且要對數據和技術有一定的了解，才能完成分析。

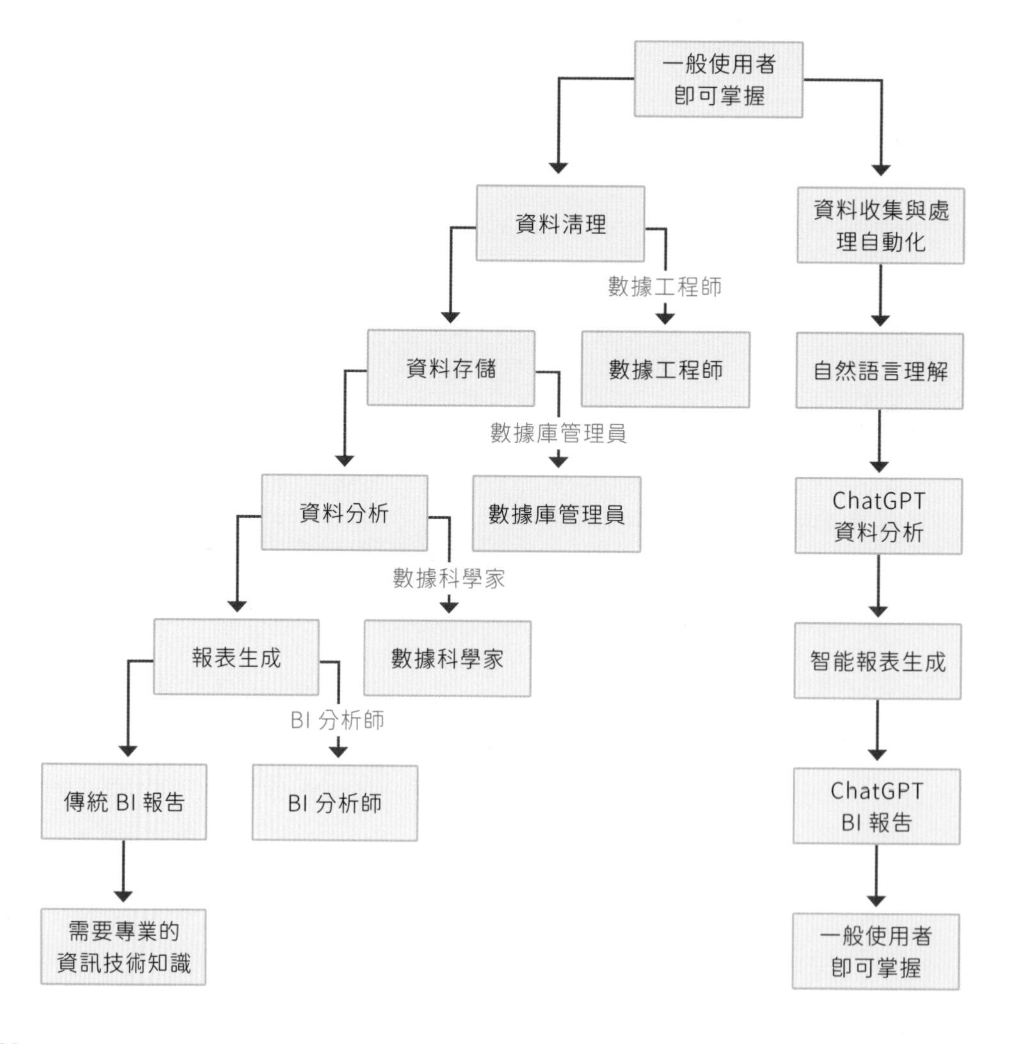

而利用 ChatGPT 進行的 Chat BI 則大大簡化了這個過程。你不需要專業的數據知識或工具，甚至不需要編寫任何代碼。你只需要像與人對話一樣，向 ChatGPT 描述你想要的分析，比如「幫我分析一下這段時間的銷售數據」，ChatGPT 就能理解你的需求，並幫你完成數據分析、生成報告，甚至提供深入的見解。這種方式不僅操作簡單、直觀，還能節省大量時間，讓更多人都能輕鬆利用數據來做出明智的決策。上頁圖左邊是一般傳統 BI 分析的作業流程，至少需要像是數據工程師、數據庫管理員、數據科學家及 BI 分析師專家的幫忙。右邊是利用 ChatGPT 進行 BI 分析的流程，過程中完全不需要不同領域專家的協助，就能完成整個作業。這就是個人與企業要利用 ChatGPT 來進行 BI 分析的最大好處。

進一步請大家參考下面傳統 BI 與 ChatGPT BI 的比較表，清楚了解利用 ChatGPT 進行 BI 的好處。因為在現今競爭激烈的市場環境中，數據的價值已經超越了以往。數據不再只是高層決策者的工具，而是每一個業務單位的核心資源。透過 ChatGPT 進行 Chat BI，就是一個零代碼的數據分析應用最佳實務，學會這個技術的你，可以替企業更靈活地應對市場變化，快速調整策略，並挖掘出潛在的商機與你個人在企業中的價值。

傳統 BI 與 ChatGPT BI 比較表

比較項目	傳統 BI	ChatGPT BI
複雜度	高	低
獲取洞察的時間	長	短
所需技能	進階數據與技術技能	基本技能（自然語言）
成本	高（軟體、培訓、專業人員）	低
靈活性	低	高

你準備好迎接這個零代碼數據分析的時代了嗎？透過 Chat BI，你將不再被技術所限制，而是能夠充分發揮你的創意和商業洞察力，在數據的世界裡暢遊。這是一個屬於每個人的數據分析新時代，無論你是技術小白還是行業老手，

都能在這裡找到屬於自己的價值。是時候擁抱變革，探索 Chat BI 帶來的無限可能性了！

6.2 資料分析流程說明

在開始進行 ChatBI 的實務操練之前，我們先探討資料分析的整體流程，讓大家在腦海中，先有一個框架，這將會對於後面的操作有一定幫助。這是每個資料科學家或分析師都應掌握的基礎技能。隨著技術的不斷進步，分析工具日新月異，然而，掌握資料分析的核心流程仍然至關重要。無論你是新手還是有經驗的專業人士，本章節將幫助你理解從資料蒐集到結果呈現的每一個關鍵步驟，並介紹如何在這些步驟中有效運用 ChatGPT 來提升分析的效率和準確性。讓我們一起深入探討這個不可或缺的過程，並學習如何在零代碼的時代中，善用 AI 工具來進行資料分析。下圖是最基本的資料分析流程圖與說明：

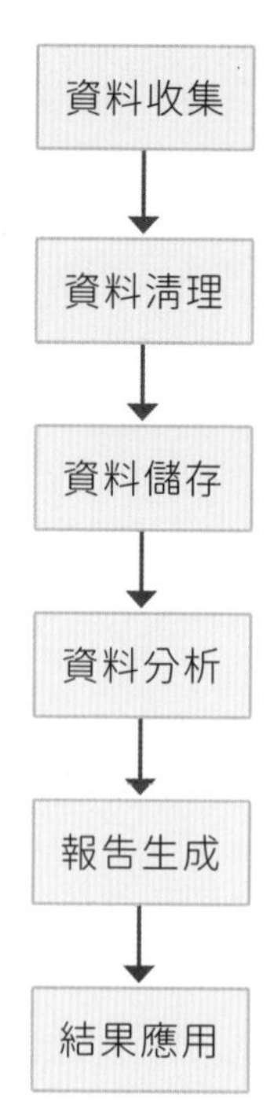

以下舉一個銷售分析流程的具體範例，讓您清楚地了解每個流程作業的細節：

1 資料收集：從各種來源收集數據據。

範例：一家零售公司希望分析其在線銷售數據，以優化促銷策略。他們從多個來源收集數據，包括網站流量數據、銷售記錄、客戶反饋和社交媒體互動數據。

操作：
- 從網站分析工具導出流量數據。
- 從銷售系統導出銷售記錄。
- 從社交媒體平台和客戶服務系統收集反饋和互動數據。

2 資料清理：清理和預處理數據，以便進行分析。

範例：收集的數據可能包含缺失值、重複項目或不一致的格式。必須對這些數據進行清理，才能確保分析結果的準確性。

操作：
- 移除重複的銷售記錄。
- 填補或移除缺失的客戶數據。
- 將不同來源的日期格式統一。

3 資料存儲：將清理過的數據存儲在數據庫或數據倉庫中。

範例：清理後的數據需要存儲在一個集中式的數據庫中，以便於後續的分析和查詢，例如 MS SQL Server、MySQL 或者 Oracle 等數據庫中。

操作：
- 將清理過的數據導入到公司的數據倉庫。
- 確保數據結構合理，方便日後查詢。

4 資料分析：對數據進行分析，使用統計方法、機器學習等技術。

範例：使用統計分析和機器學習模型來分析客戶購買行為，預測未來銷售趨勢。

操作：
- 使用回歸分析來找出影響銷售的主要因素。
- 使用分類模型來預測哪些客戶群體可能對特定產品感興趣。
- 使用聚類分析來識別不同類型的客戶群體。
- 進行 RFM 分析，針對客戶進行價值分群，同時汰弱留強。

5 報告生成：生成報告和可視化，展示分析結果。

範例：根據分析結果生成報告，展示關鍵發現、趨勢和建議，並使用圖表來可視化這些數據。

操作：
- 生成銷售趨勢圖表，展示過去幾個月的銷售變化。
- 生成客戶細分圖，展示不同客戶群體的購買行為特徵。
- 提供數據驅動的建議，例如：針對特定客戶群體進行定向促銷。

6 結果應用：將分析結果應用於決策或進一步操作。

範例：公司根據分析結果調整其市場營銷策略，例如客戶 RFM 分析，並增加針對特定客戶群體的促銷活動，同時優化網站以提升用戶體驗。

操作：
- 將報告中的建議轉化為實際行動，例如調整廣告投放策略。
- 優化網站的推薦系統，使其更符合客戶的需求。
- 追蹤實施後的效果，並進行持續優化。

這些步驟組成了一個完整的資料分析流程，從數據的收集到結果的應用，幫助企業做出更具數據支持的決策。但最主要的還是上述流程的第一項，把資料準備好，接下來，我們就進到下一章節，小試身手吧！

6.3 小試身手，開始進行基本數據分析

我們將從如何使用 ChatGPT 生成數據開始，帶著大家改變使用傳統 Excel 或者其他 BI 工具進行分析的思維，一步步的熟悉利用 ChatGPT 進行互動式的數據分析，感受其強大的威力。

6.3.1 解鎖無限創意：數據生成

這一節的目的是教導讀者如何利用 ChatGPT 來生成不同類型的數據。傳統上，我們需要使用 Excel 或其他工具來手動輸入數據，但現在，透過 ChatGPT，我們可以快速生成所需的數據集。例如，生成一組隨機的銷售數據、模擬客戶調查結果，或是創建一個測試用的數據集。這將大大提升工作的效率並解放創意空間，因為你可以立即獲得所需的數據而不必擔心資料來源的限制。

01 STEP 產生隨機的數據，**輸入提詞** 生成 20 個隨機數結果，用表格方式呈現。

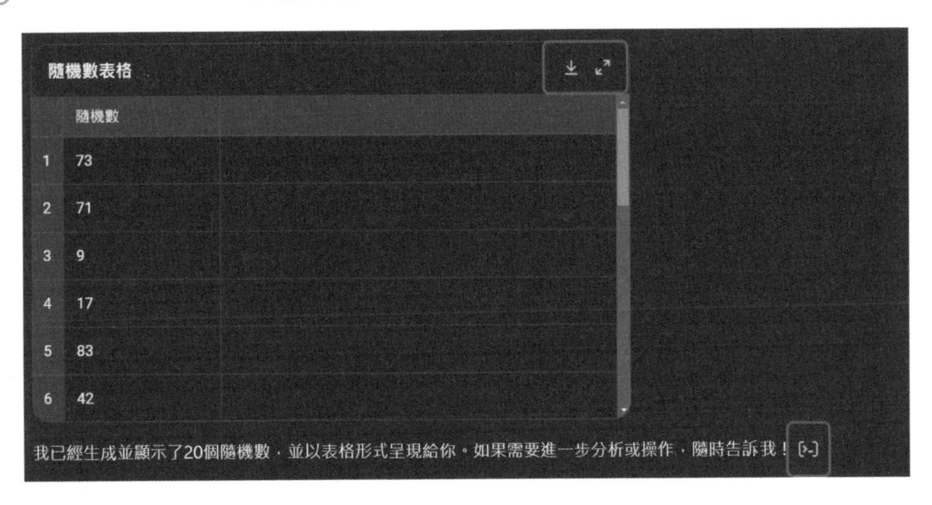

上圖上方紅框的圖示分別是讓您將資料下載與把表格放大的功能。上圖下方紅框點選後將會顯示產生這個隨機結果的 Python 程式碼，非常實用。顯示程式碼的畫面如下：

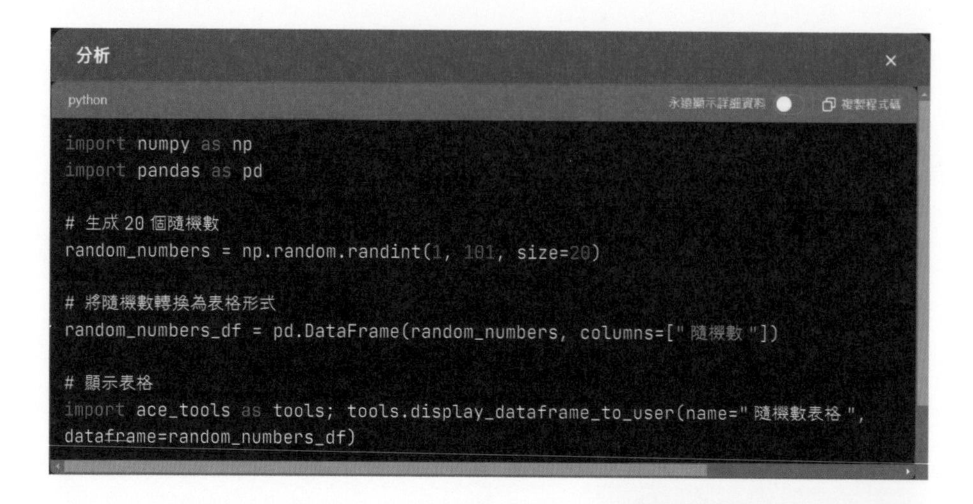

分析

python

```python
import numpy as np
import pandas as pd

# 生成 20 個隨機數
random_numbers = np.random.randint(1, 101, size=20)

# 將隨機數轉換為表格形式
random_numbers_df = pd.DataFrame(random_numbers, columns=["隨機數"])

# 顯示表格
import ace_tools as tools; tools.display_dataframe_to_user(name="隨機數表格",
dataframe=random_numbers_df)
```

02 STEP 產生一定期間的隨機的日期，**輸入提詞** 生成 2024 年 11 月到 12 月的日期序列，用表格方式呈現。

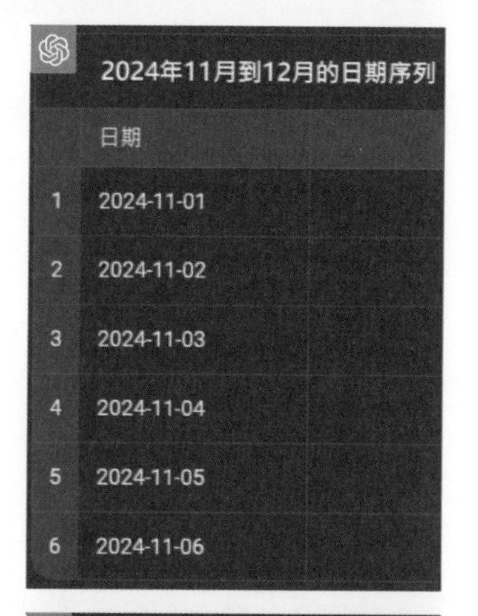

2024年11月到12月的日期序列

	日期
1	2024-11-01
2	2024-11-02
3	2024-11-03
4	2024-11-04
5	2024-11-05
6	2024-11-06

03 STEP 在原有日期資料基礎上，進行數據的擴充，新增溫度欄位。這裡您無論是要新增資料欄位或者是資料筆數，都非常方便。

輸入提詞 將上面產生 11 到 12 月的日期序列，新增溫度欄位，內容是隨機產生的數值。

帶有隨機溫度的日期序列

	日期	溫度
1	2024-11-01	0
2	2024-11-02	9
3	2024-11 03	4
4	2024-11-04	14
5	2024-11-05	6
6	2024-11-06	29

6.3.2 超越 Excel 能力：打造定制數據

我們將深入探討如何使用 ChatGPT 來定制特定的數據集。這不僅僅是生成隨機數據，而是根據特定的條件和需求來創建精確的數據。例如，你可以生成具有特定分佈的數據、設定某些約束條件來反映實際業務場景，或是創建具有特定趨勢的時間序列數據。與傳統的 Excel 或其他工具相比，這種方法提供了更高的靈活性和精確性，能更滿足個性化的數據分析需求。

01 STEP 產生符合特定條件訂制的內容，我們這裡整併最前面亂數產生的值、日期與溫度，並且將亂數值限制在某一區間。輸入提詞 將上面產生 11 到 12 月的日期序列、原先的亂數值與溫度欄位進行整併欄位，其中亂數上下限的值，將重新定義介於 0 至 100 的整數。

日期、溫度與隨機數整併表格

	日期	溫度	隨機數
1	2024-11-01	0	56
2	2024-11-02	9	74
3	2024-11-03	4	88
4	2024-11-04	14	76
5	2024-11-05	6	34
6	2024-11-06	29	2

02 STEP 讓溫度的數據更貼近事實，輸入提詞 重新將溫度欄位進行調整，值要介於 20 到 44 之間。

	日期	溫度	隨機數
1	2024-11-01	22	56
2	2024-11-02	43	74
3	2024-11-03	42	88
4	2024-11-04	21	76
5	2024-11-05	28	34
6	2024-11-06	40	2

03 STEP 新增額外的紀錄內容，**輸入提詞** 新增 2025 年 1 月 1 到 1 月 7 號的七筆資料。

	日期	溫度	隨機數
63	2025-01-02	36	66
64	2025-01-03	22	77
65	2025-01-04	33	7
66	2025-01-05	28	30
67	2025-01-06	24	91
68	2025-01-07	38	94

04 STEP 新增額外的欄位，並且指定欄位的顯示位子，**輸入提詞** 繼續新增壓力欄位，位置在溫度欄位之前，內容值隨機產生。

	日期	壓力	溫度
1	2024-11-01	1021	22
2	2024-11-02	971	43
3	2024-11-03	1030	42
4	2024-11-04	1020	21

05 STEP 表格的欄位排序，我們將日期進行排序，且最新的日期要在最上面顯示，**輸入提詞** 將上面表格資料依照日期，進行由大到小進行排序。

依日期排序後的表格

	日期	壓力	溫度	隨機數
1	2025-01-07	951	38	94
2	2025-01-06	997	24	91
3	2025-01-05	992	28	30
4	2025-01-04	953	33	7

6.3.3 數據驅動分析：自動分析與進行預測

本章節您可以延續前面所生成的數據進行，或者上傳您手上的檔案開始。我們將從一些簡單的範例開始，展示如何分析這些數據並進行預測。透過這樣的過程，讀者將學會如何將 ChatGPT 整合到日常的數據分析流程中，從而大幅提升效率並減少手動操作的需求。

01 STEP 首先我們直接進行分析，並且會得到初步的見解。**輸入提詞** **將上面表格資料進行分析。**

1. 日期範圍分析：
   - 表格中的日期範圍涵蓋了 2024 年 11 月 1 日到 2025 年 1 月 7 日，這表明資料涵蓋了約 2 個多月的時間段。日期是以降序排列的，因此最新的日期在表格的最上方。
2. 壓力欄位分析：
   - 壓力數值範圍：表格中壓力的範圍在 951 到 1050 之間，這可能代表了一個標準大氣壓範圍內的變化。
   - 從數據來看，壓力值在較短的時間段內變化不大，這可能表明環境壓力的穩定性。
3. 溫度欄位分析：
   - 溫度數值範圍：溫度的範圍在 20 到 44 度之間，這是一個較寬的溫度範圍，可能代表不同時段或地點的溫度變化。

02 STEP 接著畫出趨勢圖。**輸入提詞** 請畫出趨勢圖。

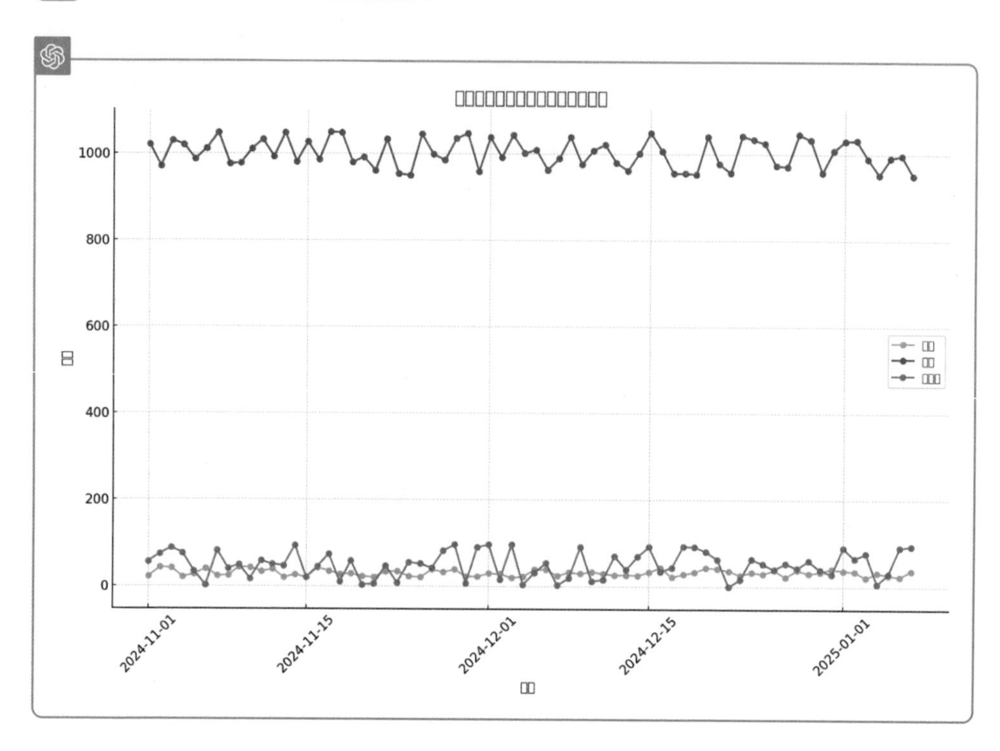

在這裡，你仔細看一下上面的圖片，是不是發現圖中原本要顯示中文的地方，都變成了亂碼。這問題在於中文的支持還不是很好，有時候會出現類似的狀況。這裡我提供了一個解方，請大家先從這邊下載 Google 的思源字型，下載連結 https://fonts.google.com/selection，進入後點選右方的 Download ALL 按鈕，就可以下載到本地端了，解壓縮後，將字型上傳到 ChatGPT 視窗，並接續進行下一步。

03 STEP 接著畫出趨勢圖。輸入提詞 使用這個字型修正圖表的中文字亂碼問題。

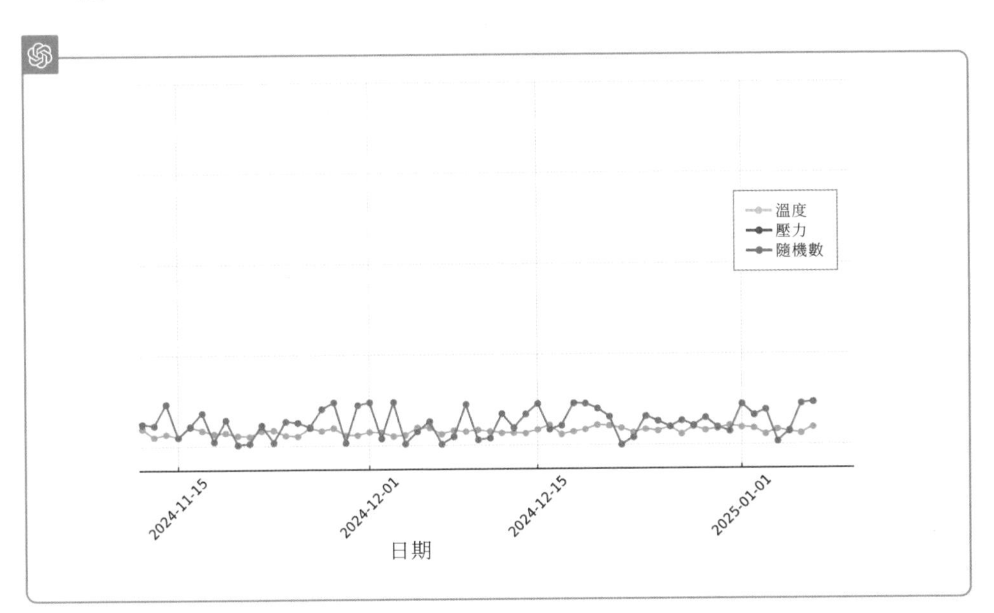

04 STEP 進行基本的統計分析。輸入提詞 請針對溫度與壓力進行基本統計分析。

溫度與壓力的基本統計分析

	統計項目	溫度	壓力
1	平均值	31.455882352941178	1001.7941176470588
2	標準差	7.395912189870899	32.175618294644615
3	最小值	20.0	950.0
4	25% 分位數	24.75	976.0
5	中位數	30.5	1000.5
6	75% 分位數	38.25	1032.25

05 STEP 獲取更多的進階分析，可以請 ChatGPT 提供你更多的想法與模型。

輸入提詞 可以有更進階的分析嗎？

當然可以！基於目前的溫度與壓力數據，我可以進行以下更進階的分析：

1. **相關性分析**：分析溫度與壓力之間的相關性，了解它們之間是否存在線性關係。
2. **趨勢分析**：通過平滑處理（如移動平均）來分析溫度與壓力的長期趨勢。
3. **異常檢測**：找出溫度或壓力數據中的異常值或極端事件，這些異常可能反映特定的現象或事件。
4. **回歸分析**：如果數據量較大，可以嘗試使用回歸模型來預測壓力或溫度的變化，從而進行預測分析。
5. **季節性分析**：如果有更長時間的數據，可以分析溫度和壓力的季節性變化，這可以幫助了解季節對這些變量的影響。

請告訴我你感興趣的具體分析方向，我可以進行詳細的分析。

06 STEP 針對其中一個模型進行更進階的應用，輸入提詞 我對第一項有興趣。

溫度與壓力之間的相關性係數已經計算完成。根據結果，兩者的相關係數大約為 0.07，這表示溫度與壓力之間的線性關係非常弱，幾乎可以認為它們之間沒有明顯的相關性。

07 STEP 你也可以使用機器學習來進行未來三天的壓力與溫度預測，但目前尚未支援直接運算機器學習，但他會生成機器學習的程式碼。你可以取得程式碼並且在本地環境或雲端環境中運行，輸入提詞 請利用機器學習幫我預測未來三天的壓力與溫度。

要使用機器學習來預測未來三天的壓力和溫度，我們可以使用以下步驟：

1. **數據準備**：
   - 收集並整理現有的壓力和溫度數據，並根據時間序列來組織這些數據。
   - 分割訓練集和測試集。
2. **模型選擇**：
   - 使用適合時間序列數據的模型，如 ARIMA 模型、LSTM（長短期記憶網絡）等，也可以選擇線性回歸或支持向量回歸等傳統機器學習模型。
3. **模型訓練**：
   - 訓練模型，並評估其在測試集上的性能。
4. **未來預測**：
   - 使用訓練好的模型來預測未來三天的壓力和溫度。

由於我現在的環境無法直接運行複雜的機器學習算法，這個步驟需要你在本地或雲端的環境中進行。以下是如何在 Python 中使用簡單的線性回歸來進行未來三天壓力和溫度預測的指導：

代碼範例（基於線性回歸）：

python

複製程式碼

```python
import pandas as pd
from sklearn.model_selection import train_test_split
from sklearn.linear_model import LinearRegression
from sklearn.metrics import mean_squared_error
import numpy as np

# 假設你已經有一個 DataFrame 包含日期、壓力、溫度
df = your_dataframe

# 創建時間特徵
df['day_of_year'] = df['日期'].dt.dayofyear
```

6.4 創造數據的價值：房地產資訊加值利用

我們將探討如何透過現代技術來創造房地產數據的價值。隨著大數據與人工智慧的進步，我們現在可以比以往更輕鬆地挖掘出數據中的潛在價值。這不僅改變了我們對房地產市場的理解，也改變了我們處理與分析這些數據的方式。

首先，我們會進行一些準備工作，以確保在這個過程中的每一步都能順利進行。我們將上傳特定的中文字型，以避免之後可能出現的亂碼問題。這個字型將成為後續所有圖表中文字的展示標準，確保每一個視覺呈現都能達到最佳的效果。

接著，我們將深入探討房地產資訊的加值應用。從每坪單價的趨勢到建物型態的比例，這些分析不僅揭示了市場的運作方式，還讓我們能夠進一步進行根因分析。傳統上，這些分析可能需要一些統計背景或程式背景，但現在，透過適當的工具與方法，只要有創意和需求，我們都能輕鬆完成這些分析。

我們會利用圓餅圖來展示建物型態的比例，並分析每月的趨勢。從坪數的角度觀察每坪單價的均值，讓我們對房地產市場的波動有更深入的理解。這些分析能夠幫助我們了解什麼因素與每坪單價有關，並且將這些因子清晰地呈現在畫面上，讓我們能夠立即看出其間的關聯。

在這個過程中，ChatGPT 將扮演房地產與統計分析方面的專家，帶領我們一步步進行房地產的深入分析。我們會結合房地產的蛛網理論，進行更複雜的市場分析，從房價趨勢、地區比較、到市場供需的全面檢視，讓我們能夠全面掌握市場的動態。

本章節透過結合不同的統計方法和機器學習技術，探索如何利用資料獲得更深入的洞察，並預測市場的未來走勢。無論是進行迴歸分析、決策樹、支持向量機，還是時間序列分析，我們都能掌握房地產市場的脈動，做出更加精準的決策。透過這些工具，我們不僅僅是解讀數據，更是創造數據的價值。

01 STEP 首先從內政部不動產成交案例實際資訊資料供應系統中，下載要分析的資料。下載連結：https://plvr.land.moi.gov.tw/DownloadOpenData#，預設會進到本期下載的畫面，如下圖所示，直接點擊下載按鈕。

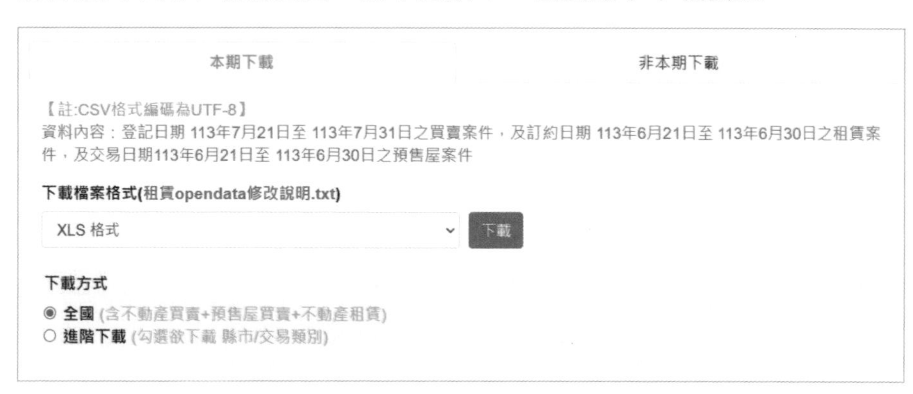

02 STEP 下載的檔案類型會是 zip 檔案，請先從這個壓縮檔中，取出 a_lvr_land_a.xls。因為這只是單期資料，不足以讓我們進行有效的分析，所以您還需要點選非本期下載頁籤，選擇最近幾個季度的資料進行下載，同樣解壓縮後將 a_lvr_land_a.xls 檔案取出來。最後將所有取出來的資料整併成一個大的檔案。

03 STEP 上傳字型，這裡我們使用 Google 的思源字體，以解決後面步驟中，若圖表包含中文字時可能出現的亂碼問題。**輸入提詞** 請記著這個上傳的中文字型，後面所有的圖表的中文字，都用這個中文字型呈現。

思源字體來源：截取自 https://fonts.google.com/noto/specimen/Noto+Sans+TC

04 STEP 從解析數據集內容開始，輸入提詞 每坪單價的趨勢。

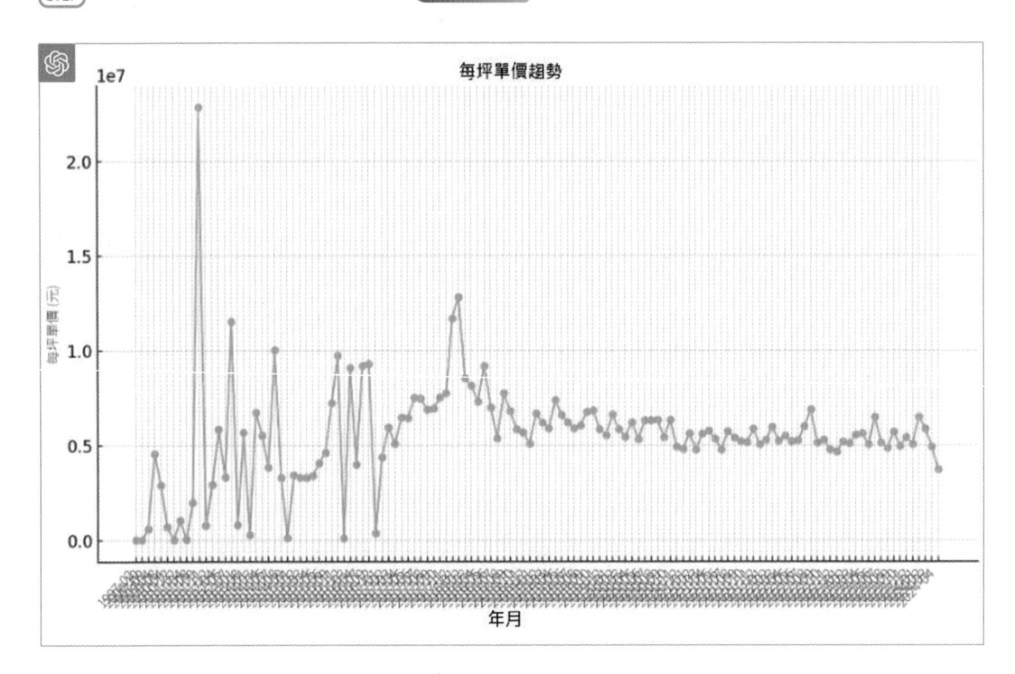

05 STEP 從單一且簡單的項目開始，輸入提詞 建物型態的比例。

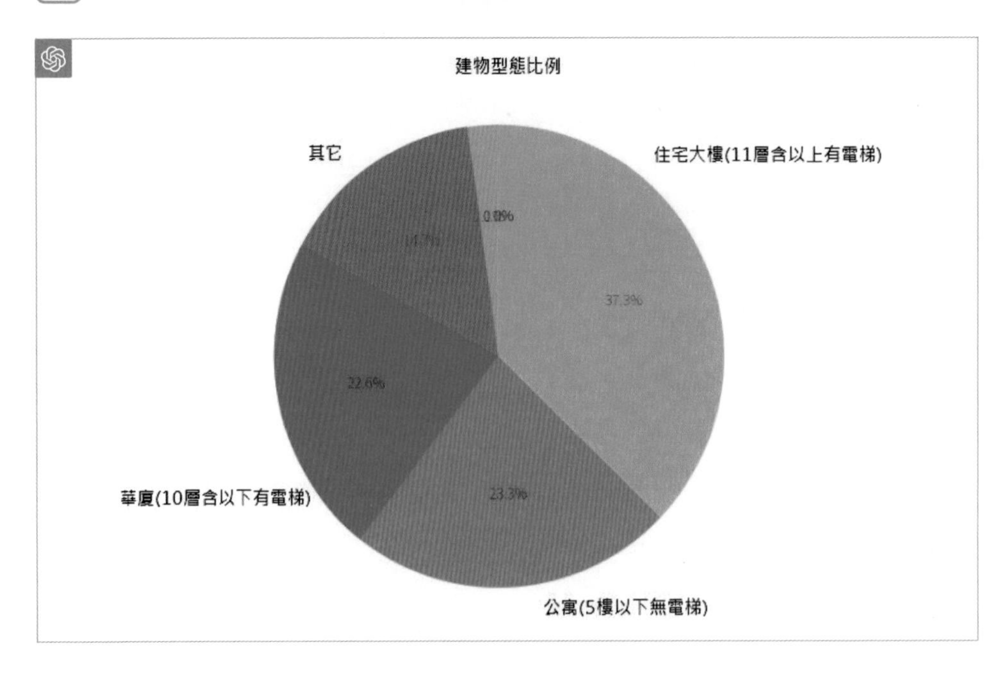

STEP 06 加上時間因子，顯示月趨勢變化，**輸入提詞** 建物型態的每月趨勢。

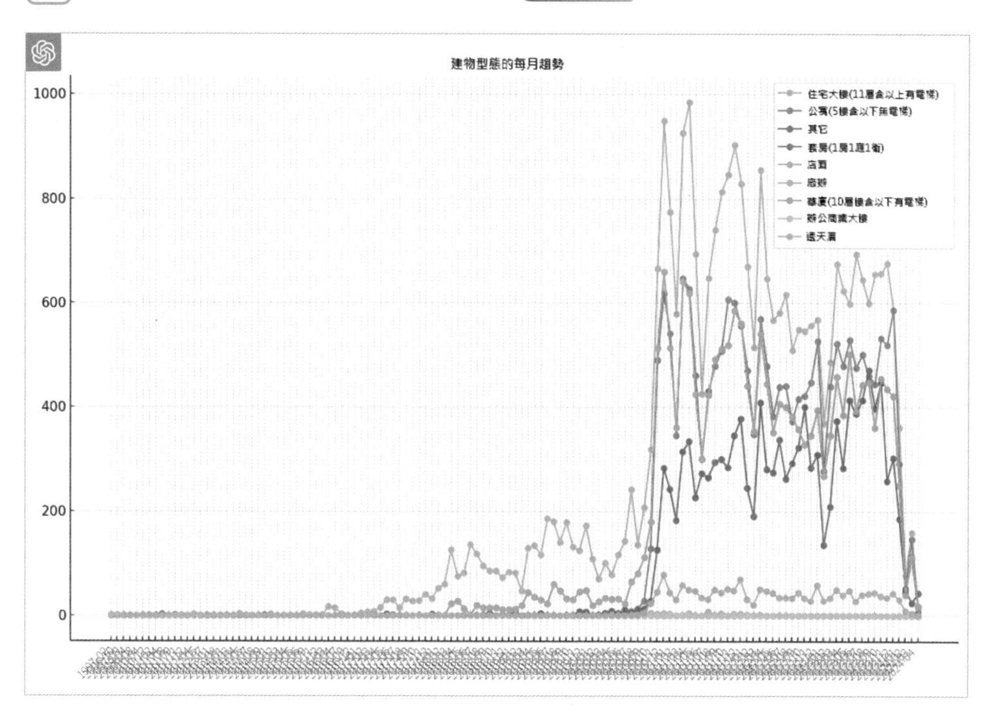

STEP 07 **輸入提詞** 從坪數方面觀察每坪單價均值。

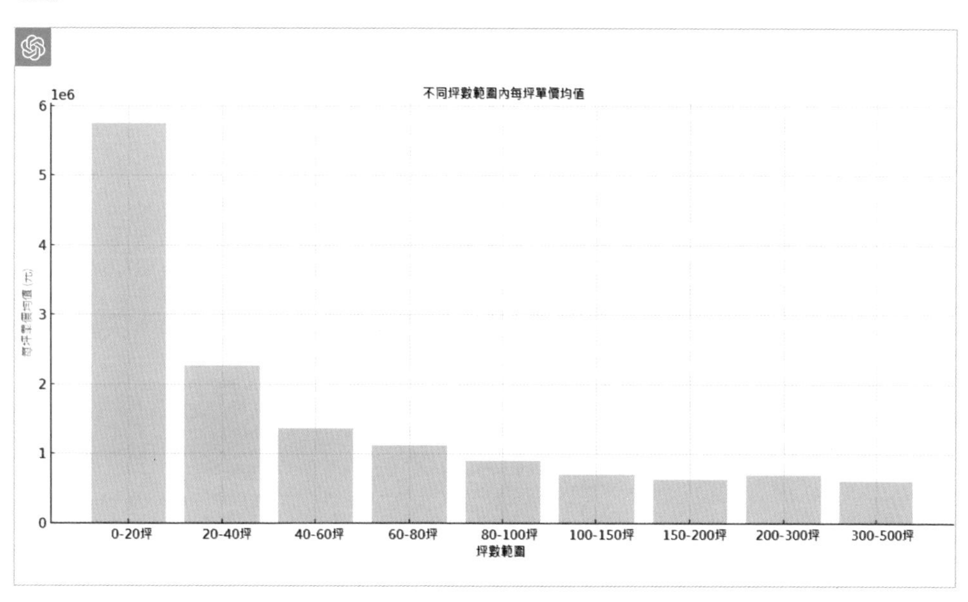

08 STEP 我們也能做根因分析，**輸入提詞** 什麼和每坪單價有關？

這些變數中，有幾個可能和每坪單價（即單價元平方公尺）有關聯。例如：

1. **區域位置（鄉鎮市區）**：不同區域的地價和房價可能差異很大。
2. **土地與建物的面積（主建物面積、附屬建物面積、陽台面積、土地移轉總面積平方公尺）**：面積大小通常會影響單價。
3. **總價元**：總價和面積結合後直接影響單價。
4. **建物型態**：如透天、集合住宅等不同建物型態的單價可能有所不同。
5. **交易年月日**：房價會隨時間變動，因此交易日期也可能對單價有影響。
6. **有無電梯或車位**：這些設施的存在可能提高物件的單價。

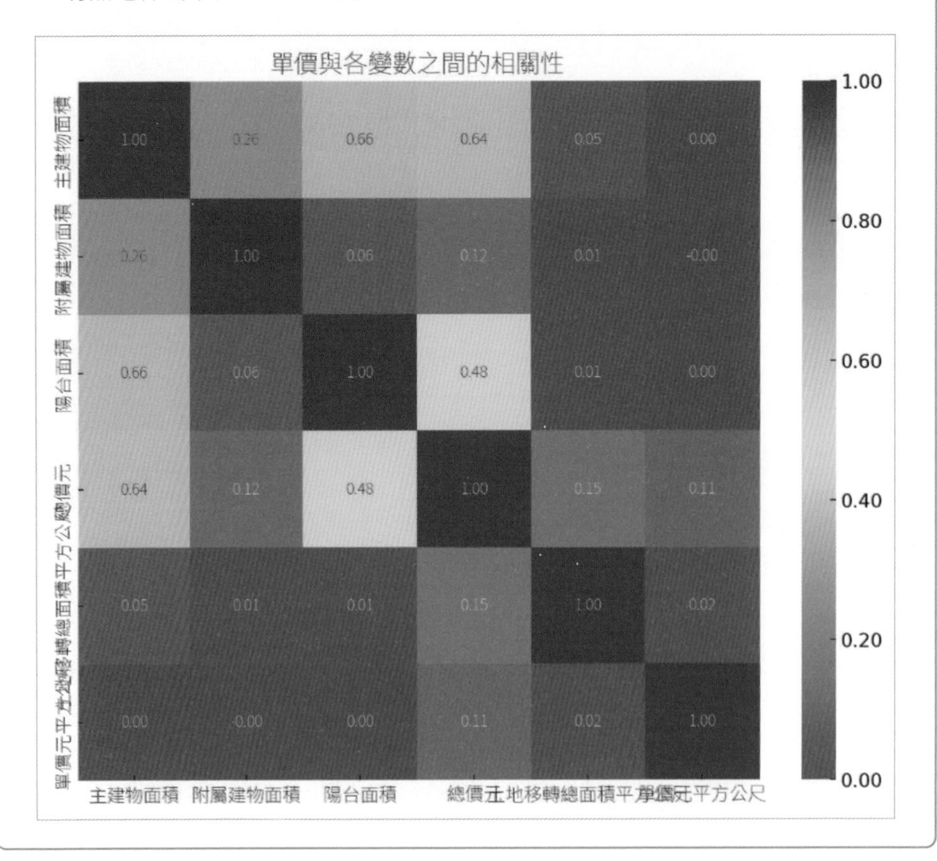

09 STEP 利用特殊模型得到不同的見解，**輸入提詞** 請結合房地產之蛛網理論來進行分析。

蛛網理論（Cobweb Theory）是一種經濟模型，用來解釋市場價格波動的動態過程。這個理論通常應用於農產品市場，但在房地產市場中，也能幫助理解供給和需求之間的時間滯後如何影響價格。讓我們來結合蛛網理論，分析每坪單價的波動及其與供需因素的關係。

1. **房地產市場的蛛網理論概述**：在房地產市場中，建設新的房產需要較長的時間，因此供給往往不能即時對價格變動做出反應。當價格高時，開發商會增加建設，但因爲建設需要時間，等新房產完工後，市場需求可能已經下降，導致新房產進入市場時，價格下跌。這樣的過程會導致房地產價格的波動，即蛛網模式。

2. **蛛網理論中的關鍵變數**：在您的資料中，我們可以將以下變數與蛛網理論結合進行分析：

   - **交易年月日**：反映市場的時間點，時間滯後對價格的影響在這裡尤爲重要。
   - **主建物面積與土地移轉總面積平方公尺**：代表市場供給量。隨著時間推移，較大的建築面積可能反映出供應增加。
   - **總價元與單價元平方公尺**：反映市場價格。總價元與單價元平方公尺的變動可以展示需求和供應之間的平衡與不平衡。

10 STEP 結合統計方法和機器學習技術，以獲得更深入的洞察和預測能力，您可以利用以下 5 個提示詞進行更多元化的分析：

1. **迴歸分析**：請使用線性迴歸或多變量迴歸分析，探討房價與不同特徵之間的關係，幫助理解每個特徵對房價的影響程度，並進行房價預測。

2. **決策樹和隨機森林**：請使用決策樹和隨機森林等機器學習模型，進行房地產市場的分類或回歸分析。

3. **支持向量機（SVM）**：請使用 SVM 模型進行房地產價格預測或市場趨勢分析。

4. **聚類分析**：請使用聚類分析識別相似的房地產市場區域，進行市場區段劃分或定位，幫助理解不同區域的市場特徵和行為模式。

5. **時間序列分析**：請對房地產市場的價格和交易量數據進行時間序列分析，預測未來的市場趨勢和波動。

6.5 一道指令輕鬆完成專業的銷售分析與報告

在這個數據驅動的時代，企業的成功不僅依賴於銷售策略的優化，更在於能否迅速且準確地從大量數據中提取出關鍵洞察，進而做出明智的決策。然而，傳統的數據分析過程通常需要投入大量的時間與資源，這對許多企業來說是一項挑戰。幸運的是，現在只需要一道指令，我們就能輕鬆完成專業的銷售分析與報告生成，無須掌握複雜的數據分析技能。你是不是覺得有點神奇呢？

本章節將帶您探索如何利用 ChatGPT 強大的數據處理與分析能力及精心為您準備的一道綜合指令，就能完成對銷售數據集的分析，識別趨勢、提取重要訊息，並生成清晰的可視化圖表與全面的銷售報告。無論是尋找銷售最好的商品、識別價格漲幅最快的產品，還是運用 RFM 模型進行客戶分析，這一切都將變得前所未有的簡單、順暢。一起來了解如何用最少的操作，釋放數據的潛力，促使企業在競爭中獲得更多成功！

STEP 01 先到以下連結下載我們練習的資料集，進入後點選右上角 Download 按鈕下載即可。

資料集下載：

https://www.kaggle.com/datasets/aungpyaeap/supermarket-sales

這個資料集包括 3 家不同超市的銷售數據歷史記錄，背景資訊是在大多數人口稠密的城市中，超市的成長速度不斷加快，市場競爭也日益激烈。此資料集是超市公司的歷史銷售資料之一，記錄了 3 個不同分店 3 個月的資料。我們接下來要進行的資料分析與預測很容易應用於此資料集。資料集的欄位有 17 個屬性資訊，算是相當完整了，包括發票、分店、城市、顧客類型…等。

欄位名稱（中文）	欄位名稱（英文）
發票 ID	Invoice id
分店	Branch
城市	City
顧客類型	Customer type
性別	Gender
產品線	Product line
單價（美元）	Unit price
數量	Quantity
稅費	Tax
總計	Total
日期	Date
時間	Time
付款方式	Payment
COGS	COGS
毛利率	Gross margin percentage
毛收入	Gross income
評級	Rating

02 STEP 將上一步驟下載的資料集上傳到 ChatGPT，並且直接輸入以下提示詞：

輸入提詞

請依照以下步驟分析提供的數據集，並生成一份銷售報告：

1. **數據集內容概覽**：簡要說明數據集的主要內容與構成。
2. **趨勢分析**：分析數據集中顯示的趨勢，並自動生成可視化圖表。
3. **銷售商品分析**：列出這段期間內銷售最好的前 10 名商品，包括商品名稱、銷售金額及平均毛利率，並將其可視化。
4. **銷售城市分析**：列出這段期間銷售金額最高的前 5 名城市，包括銷售金額及平均毛利率，並將其可視化。
5. **價格漲幅分析**：找出這段時間內價格漲幅最快的產品，並生成該產品的可視化展示。
6. **客戶分析**：使用 RFM 模型對客戶進行分析，並將客戶分為不同類別。
7. **關鍵點提取**：列出從數據集中提取出的 10 個關鍵點。
8. **洞察與見解**：根據數據集提供的情報，列出相關洞察並用列表形式呈現。將洞察重點摘要成簡短的見解。
9. **銷售報告生成**：將上述所有分析與可視化結果整理成一份完整的銷售報告，並存成 docx 檔以供下載。

1. 數據集內容概覽

該數據集包含了關於一家超市的銷售記錄，主要由以下幾個欄位構成：

- Invoice ID：發票編號
- Branch：分店代號
- City：城市名稱
- Customer type：顧客類型（會員或非會員）
- Gender：顧客性別

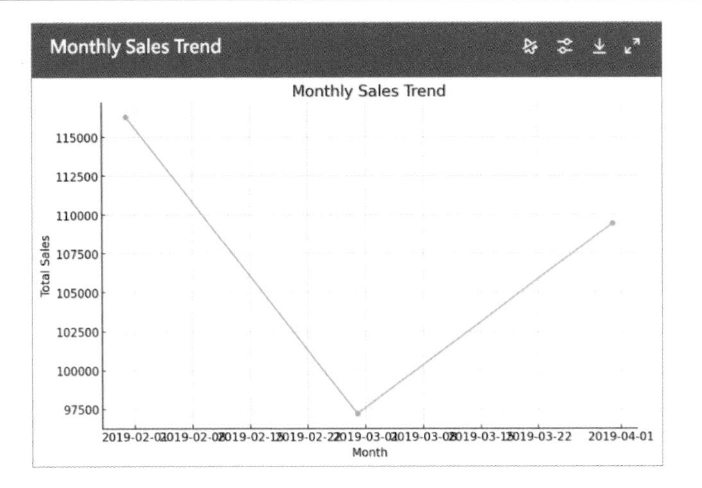

2. 趨勢分析

上圖顯示了該超市在不同月份的銷售趨勢。從圖中可以看到，銷售總額在某些月份有明顯的波動。接下來將繼續進行銷售商品分析。

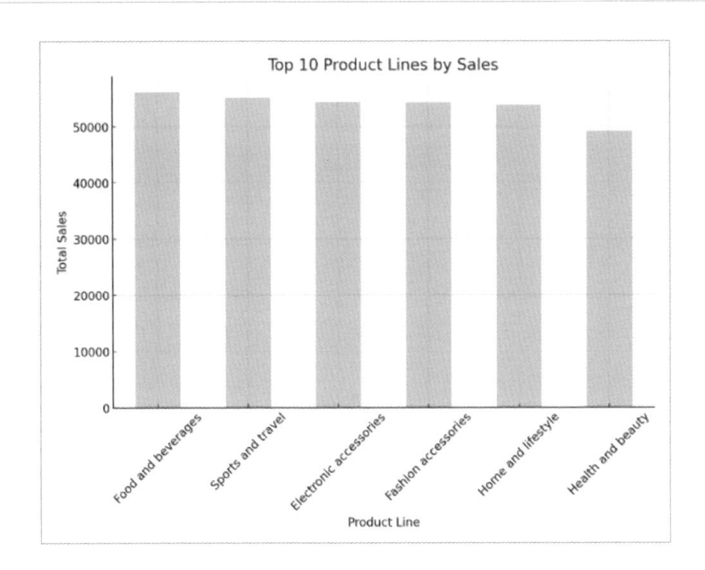

3. 銷售商品分析

上圖展示了銷售總額最高的前 10 名產品線，其中「食品和飲料」類別的銷售額最高，達到 56,144.84。平均毛利率約爲 4.76%，這個毛利率在不同產品線之間基本一致。

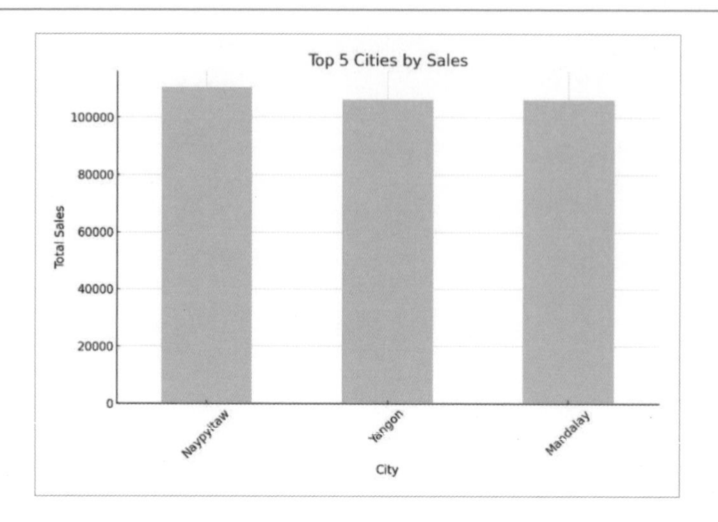

4. 銷售城市分析

上圖展示了銷售金額最高的前 5 名城市，其中 Naypyitaw 城市的銷售額最高，達到 110,568.71。這三個主要城市的平均毛利率保持一致，均約爲 4.76%。

---

5. 價格漲幅分析

在所有產品線中，「健康美容」類別的價格漲幅最大，單價在 2019 年 1 月 27 日的變動幅度達到了 7.94 倍。這可能反映了該產品線在某段期間內的供需變化或促銷活動的影響。

---

6. 客戶分析

根據 RFM 模型，將客戶分爲不同類別，包括「最佳客戶」、「忠誠客戶」、「大額消費者」、「差點流失」和「流失客戶」。例如，發票編號爲 101-17-6199 的客戶被分類爲「大額消費者」。這種分析可以幫助商家針對不同客戶群體制定相應的市場策略。

---

7. 關鍵點提取

接下來將從數據集中提取出 10 個關鍵點。

1. 食品和飲料產品線的銷售額最高，達到 56,144.84。
2. Naypyitaw 是銷售額最高的城市，達到 110,568.71。

3. 健康美容類別的價格漲幅最大，單價變動幅度達到 7.94 倍。
4. 平均毛利率約爲 4.76%，在各產品線之間保持一致。
5. 最高的消費頻率在單一客戶中僅爲 1，表明多數顧客僅進行了一次購買。
6. 使用電子錢包 (Ewallet) 支付的交易最多。
7. 顧客評價平均值在 7.4 到 9.6 之間，顯示出大多數顧客對產品滿意。
8. 忠誠客戶 (Loyal Customers) 群體中，購買頻率與金額均較高。
9. 在數據集中，2019 年 3 月的銷售額最高，顯示出當月可能存在促銷活動或節假日影響。
10. 超市的分店 Branch A 在 Yangon 和 Naypyitaw 兩個城市的銷售額均表現不錯。

---

8. 洞察與見解

根據數據集分析，可以得出以下洞察與見解：

- **促銷機會**：在 Naypyitaw，該地區的消費者對食品和飲料需求旺盛，應加大促銷力度以進一步提升銷售。
- **會員計劃推廣**：由於忠誠客戶貢獻了大量的銷售額，應該考慮加強會員計劃，吸引更多顧客成爲會員。
- **產品定價**：健康美容類產品的價格變動顯著，應仔細監控市場變動並調整定價策略。
- **支付方式優化**：電子錢包的使用比例高，應繼續優化該支付方式的使用體驗以促進銷售。
- **產品線優化**：考慮增強食品和飲料以及體育旅行產品線的供應，滿足消費者需求。

---

9. 銷售報告生成

將所有上述分析和可視化結果整理成一份完整的銷售報告，並存成 docx 檔。讓我來完成這一步。

您的銷售分析報告已經生成並存爲 DOCX 檔案。您可以點擊以下鏈接下載報告：

下載銷售分析報告

銷售報告

1. 數據集內容概覽

此數據集包含了 1000 筆超市銷售紀錄，涵蓋了銷售單號、銷售分店、銷售城市、客戶類型、性別、商品類別、單價、數量、稅額、總金額、銷售日期、時間、付款方式、商品成本、毛利率、毛利及顧客評價等欄位。

2. 趨勢分析

每日銷售總額的趨勢分析顯示了銷售數據的波動情況。

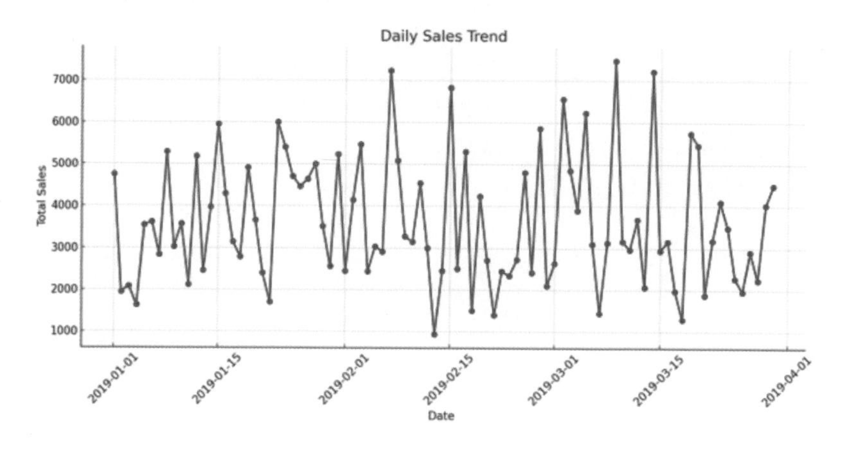

3. 銷售商品分析

銷售金額最高的前 10 名商品類別及其平均毛利率分析。

03 STEP 最後，如果上述分析還不夠詳細，下面將提供更多的提示詞，讓你擁有更多的想法與創意，這些都可以單獨進行提問。

- 數據集的主要內容是什麼？
- 這個數據集顯示的趨勢是什麼？
- 請分析這個數據集，並且自動產生可視化圖。

- 給我這段期間，前 10 名銷售最好的商品，包括商品名稱、銷售金額、平均毛利率，可以將它可視化嗎？
- 給我這段期間，前 5 名銷售金額最高的城市，包括銷售金額與平均毛利率，可以將它可視化嗎？
- 在這段時間，價格漲幅最快的是哪項產品？
- 可以分析價格漲幅最快的產品並進行視覺化展示。
- 可以用這個數據集，利用 RFM 模型進行客戶分析嗎？
- 利用 RFM 模型於客戶分析，並進一步將客戶分為不同類別。
- 列出 10 個關鍵點，可以根據數據集提取出的重要訊息列出關鍵點。
- 從這個數據，你洞察到什麼，用列表呈現。
- 從這個數據，你有什麼見解，將它摘要重點。
- 可以將從數據集得出的見解總結成摘要重點。
- 最後將上面的過程整理成銷售報告，包括所有的可視化圖表都要在裡面，存成 docx 檔讓我下載。

6.6 公司財報分析，這樣用才專業

在現代商業環境中，如果我們僅僅將生成式 AI 視為一個創意工具，那麼我們對它的潛力認識將顯得非常膚淺。事實上，像 ChatGPT 這樣的高階 AI 工具，已經不僅僅是為了靈感的激發，更是為了提供高附加價值的商業智慧（BI）分析與人工智慧（AI）分析而生。今天，我們要演示的是如何運用 ChatGPT 進行類似 ChatBI 的應用，並且展示其如何在短時間內為我們解決看似繁瑣的公司財報分析問題。

傳統的 BI 分析，通常需要我們先將資料進行匯入、清洗、調整，再經過可視化處理、拉取、設定維度等一系列繁瑣的操作，這樣的過程耗時耗力。然而，透過生成式 AI，這一切在彈指之間即可完成。最重要的是，這不再是資訊專業人士的專屬工具，任何有心學習的普通人都可以輕鬆掌握這項技術，並應用於自己的工作場景中。

為了展示這一強大功能，我們將以護國神山台積電為例，使用其過去四年的年報資料進行財報分析。無論你是對公司業績好奇、需要進行研究，還是希望測試 AI 的應用潛力，這個案例都將是一個極佳的實踐套路，讓你能夠快速上手，並且將其擴展至你自己的分析需求中，以提升工作效率和個人價值。

接下來，我們將逐步引導你從官網下載台積電的年報資料，並深入探討這些厚達數百頁的文件。你可能會疑惑，這麼龐大的資料是否能夠順利進行分析？以往的 AI 模型或許會因資料過大而出現問題，但對於新一代的 GPT 來說，這些挑戰僅僅是小菜一碟。今天，我們將會全面分析台積電從 2020 到 2023 年的公司年報資料，並以財務顧問專家的角度，逐項檢視與解讀這些財報資料。利用常用的分析模型來進行深度解析。

01 STEP 下載台積電財務報表資料，下圖以 2020 年為例，點選 2020 年 pdf 檔圖示下載即可。

下載連結：https://investor.tsmc.com/chinese/financial-reports

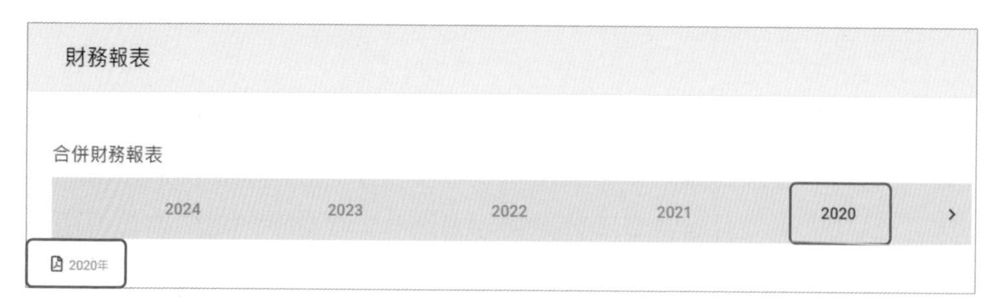

02 STEP 將步驟 01 下載的 2020 年至 2023 年的四個年報資料，上傳到 ChatGPT，並且 **輸入提詞** 附件的四個檔案，是我這一次要分析的公司 - 台積電，從 2020 到 2023 年的公司年報資料，請您用財務顧問專家的角度來．逐項檢視我們四年的財報資料。我希望你能提供我具體的建議，有關於如何改進營運與提升公司獲利。利用常用的分析模型進行解讀與詳細的說明。

感謝您提供台積電從 2020 到 2023 年的年報資料。以下，我將以財務顧問的角度，逐項檢視這四年的財務報表，並運用常用的財務分析模型，提供具體的建議以提升台積電的營運及獲利能力。

1. 營收成長分析

- **趨勢分析**：從資料中可見，台積電的營收在這四年持續成長，主要受益於全球半導體市場的強勁需求。尤其是 5G 和高效能運算（HPC）相關應用的推動，使得台積電的先進製程技術（如 7 奈米及以下技術）佔整體晶圓銷售的比重逐年增加。
- **建議**：持續投資於先進製程技術的研發，並擴展生產能力以滿足市場需求。尤其應加強在美國和日本等地的生產布局，以鞏固全球市場的供應鏈穩定性。

2. 毛利率分析

- **趨勢分析**：台積電的毛利率雖然維持在相對高位，但從 2020 至 2023 年有輕微的波動，這可能與製程技術的升級和生產成本的變動有關。
- **建議**：應進一步優化製造流程，降低製造成本，並與供應商合作推動成本控制。此外，可考慮導入更多自動化及 AI 技術以提升生產效率，減少人工成本和材料浪費。

3. 營業利益率與稅後淨利率分析

- **趨勢分析**：營業利益率與稅後淨利率在這四年呈現穩定的表現，但仍有進一步提升的空間。台積電採取了策略性的定價來反映所創造的價值，這是穩定其利潤率的關鍵因素之一。
- **建議**：持續推動價值導向的定價策略，確保公司的技術優勢轉化爲經濟效益。並可探索新的高毛利率市場，如汽車電子及 AI 應用市場，以進一步提升整體獲利能力。

4. 資本支出與研發投入

- **趨勢分析**：台積電每年都在大幅增加資本支出和研發投入，這是保持技術領先地位的關鍵。然而，高額的資本支出也可能對現金流造成壓力。
- **建議**：在持續投資先進技術的同時，應密切關注資本支出的效率，確保投資能迅速帶來回報。可考慮通過增加合作夥伴的投入，分擔資本支出風險，並加快新技術的市場化進程。

5. 現金流與股東回報

- **趨勢分析**：台積電的現金流穩健，並持續提高股利分配，這有助於鞏固股東信心。隨著盈利的增長，現金股利逐年提升。
- **建議**：應維持穩健的現金流管理，確保有足夠的資金支持持續的資本支出和研發活動。此外，可考慮啓動股份回購計劃，以提升每股盈餘，進一步提升股東價值。

6. 風險管理

- **趨勢分析**：台積電在風險管理上具有良好的體系，特別是供應鏈風險管理與環境、社會和公司治理（ESG）方面的努力，已爲公司在不確定的市場環境中提供了一定的保護。
- **建議**：應持續強化供應鏈多元化策略，避免對特定地區或供應商的過度依賴。同時，應更加積極地應對環境法規和社會責任要求，以鞏固公司在 ESG 方面的領導地位。

總結建議

1. **技術領先與市場擴展**：保持技術領先地位，積極擴展全球市場，尤其是在新興市場中的佈局，將有助於台積電在未來保持持續增長。
2. **成本控制與效能提升**：通過供應鏈管理和生產效率的提升來進一步降低成本，確保毛利率穩定。
3. **強化股東回報**：在維持穩健的現金流的同時，通過增加股利和股份回購來提升股東回報。
4. **風險管理與永續經營**：持續加強風險管理策略，特別是供應鏈和 ESG 相關的風險，以確保公司的長期穩定發展。

03 STEP 輸入提詞 除了上面提到的，你還有洞察到什麼更有價值的資訊嗎？

除了上述的分析和建議，還有幾個值得深入探討的重要點和潛在的價值洞察，這些可能有助於進一步提升台積電的競爭力和長期穩定性：

1. 技術創新與領導力的持續性

- **洞察**：台積電在技術領導地位上不斷推動新的製程技術，如 N5、N3、N2 技術的研發與量產計劃，這些都將是公司未來競爭力的基石。然而，隨著技術的進步，競爭對手也在快速追趕。尤其是三星和英特爾等主要競爭者，正在加大對先進製程的投資。
- **潛在價值**：台積電需要加強其在技術研發上的投資，不僅僅是跟隨摩爾定律的進步，還要超越現有技術框架，探索如量子計算、光子晶體等可能帶來技術飛躍的新領域。此外，加強與學術界和創新企業的合作，打造更強大的研發生態系統，將有助於鞏固其技術領導力。

2. 供應鏈韌性與多元化

- **洞察**：全球半導體產業正處於供應鏈不穩定的時期，包括原材料短缺、物流中斷、地緣政治風險等，這些都可能對台積電造成重大影響。雖然台積電已經採取措施擴展其全球生產布局，但對於關鍵材料和技術的依賴性依然存在。

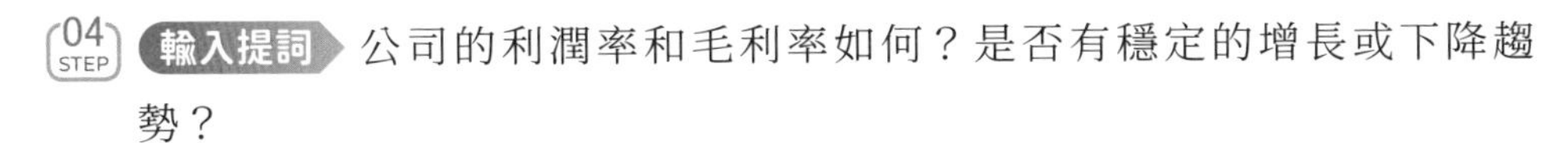

04 STEP 輸入提詞 公司的利潤率和毛利率如何？是否有穩定的增長或下降趨勢？

根據台積電 2020 年至 2023 年的財務報表資料，以下是對公司的利潤率和毛利率的分析，以及它們的增長或下降趨勢的觀察：

1. 毛利率（Gross Profit Margin）

- **趨勢分析**：台積電的毛利率在 2020 年至 2023 年間呈現穩定增長的趨勢。這主要是因爲公司持續提升產能利用率、推動成本控制措施，並提高先進製程的銷售比重。特別是在 2022 年和 2023 年，公司毛利率顯著上升，這表明台積電成功地將其技術領先地位轉化爲經濟效益。

- **具體數據：**
  - 2020 年毛利率：52.9%
  - 2021 年毛利率：56.1%
  - 2022 年毛利率：58.8%
  - 2023 年毛利率：57.7%
- **趨勢評估：**雖然在 2023 年毛利率稍有下降，但整體仍維持在高位，顯示公司在技術創新和成本控制方面的有效性。

05 STEP **輸入提詞** 公司的主要成本來源是什麼？這些成本在近年有無變化？

根據台積電 2020 年至 2023 年的財務報表資料，公司主要的成本來源包括以下幾個方面：

1. 製造成本

- **內容：**製造成本是台積電的主要成本來源之一，包括直接材料、直接人工、以及製造費用。這些成本的變動主要受製程技術的複雜度和生產規模的影響。例如，隨著先進製程技術的推廣，這些技術需要更高的投入以確保生產的質量和效率。
- **趨勢：**2020 至 2023 年間，隨著營業收入的增加，營業成本也隨之上升。這與台積電持續擴大產能及提升技術水平密切相關。營業成本每年都有一定的增長，例如 2021 年營業成本增加了 22%，2022 年增加了 19%。

06 STEP **輸入提詞** 公司產品或服務的市場份額如何？競爭情況如何？

根據台積電 2020 年至 2023 年的年報資料，公司在全球半導體市場上擁有穩固的市場份額，但也面臨激烈的競爭環境。以下是台積電的市場份額和競爭情況的分析：

1. 市場份額

- **全球地位：**台積電是全球最大的專業積體電路製造服務公司之一。根據 2023 年的資料，台積電在全球半導體市場（不含記憶體）中的市場份額約為 30%，較 2022 年的 26% 有所增加。這反映出公司在先進製程技術（如 7 奈米及以下技術）上的領導地位不斷鞏固，特別是在高效能運算和智慧型手機等市場中佔有重要地位。

- **區域分佈**：台積電的營收來自全球各個地區，其中北美市場佔最大的比重，約占 68%；其次是亞太地區（不含日本與中國大陸），占 11%；中國大陸市場占 11%；歐洲、中東及非洲市場占 5%；日本市場占 5%。

6.7 獨家！設備維護保養分析

在現今數據驅動的時代，隨著 ChatGPT 等人工智慧技術的崛起，我們見證了數據分析領域的劇變。這些技術，讓我們能夠更快速、更精準地處理和解讀龐大的數據集。然而，即使這些工具再強大，它們的價值最終仍取決於一個關鍵因素——使用者，也就是我們的領域專家。

領域專家對數據的敏銳度以及對需求的精準掌握，能夠引導出更具洞察力的問題，進而最大化數據的價值。本章節將帶領大家深入了解，如何透過 ChatGPT，結合領域專家的專業知識，對設備維護保養進行全面分析，並提供具體且實際的應用價值。我們將深入探討來自業界的真實數據，這些數據經過去識別化處理，並且一步步展示如何利用這些數據來進行預防性保養的分析。最終，這些分析將被整理成一份正式報告，內容不僅包含詳細的圖表，還會加入洞察結果。

在這個章節中，你將學習如何：

- 利用真實的設備保養資料進行數據探索，揭示潛在的問題與機會。
- 進行數據特徵工程，優化資料集以獲得更精確的分析結果。
- 針對設備的最小保養週期進行最適化分析，並給出優化建議值，進一步匯出更新後的資料集。

- 整理並呈現一份具有價值的洞察報告，提供具體的行動建議。
- 分析各生產廠的相同設備類別與最小保養週期的相關性，洞悉不同設備類型的維護需求。
- 評估保養週期與設備故障保養次數的關聯，探索如何透過調整保養週期來減少故障次數。

接下來我們將為你揭示如何運用現代 AI 技術與專業知識來進行設備維護的預防性保養分析，並為你在實務中帶來實質效益。

STEP 01 上傳本章節的範例資料 ch0607.xlsx，並 輸入提詞 ：我想要進行設備預防保養的主題式分析，上傳的檔案是設備保養資料集，每一筆資料都是保養資料，其中 Factory 欄位是設備所在生產廠，EquipmentID 欄位是設備的編號，Equipment_Name 欄位是設備的名稱，Equipment_Type 欄位是設備的類別型式，Equipment_importance_level 欄位是設備的重要度，Maintain_Date 欄位是設備保養日期，Maintain_Section 欄位是設備的保養部門，Maintain_Typet 欄位是設備維護類型。Error_Mode 欄位是異常模式 Minimum maintenance interval 欄位是設備的最小保養週期若相同生產廠之設備編號保養次數越多，代表設備越容易故障。我接下來會提出分析的需求。

收到您的檔案與描述，您提到這是一個設備保養資料集，包含設備所在生產廠、設備編號、設備名稱、設備類別、重要度、保養日期、保養部門、維護類型、異常模式，以及最小保養週期等資訊。

請告訴我您希望進行哪些特定的分析，我將根據您的需求提供相應的數據分析與建議。

02 STEP 輸入提詞 利用檔案內的資料進行數據探索。

接下來，我將進行數據探索，主要涵蓋以下方面：

1. **基礎統計分析**：了解各欄位的分佈情況。
2. **設備保養次數分析**：分析設備的保養頻率。
3. **異常模式分析**：探討不同異常模式的分佈。
4. **不同生產廠之間的差異**：比較不同生產廠之間的設備保養情況。

以下是基於設備保養資料的初步數據探索結果：

1. 基礎統計分析

- 資料集包含 1115 筆資料。
- Factory 欄位顯示資料來自三個不同的生產廠（Factory_0、Factory_1、Factory_2）。
- EquipmentID 共 651 個不同的設備編號，其中最常見的設備保養了 11 次。
- Maintain_Type（保養類型）中最常見的是 OCC，共出現了 610 次。
- Abnormal_Mode（異常模式）中出現最多的是 STD，共 421 次。
- Minimum maintenance interval（最小保養週期）中最常見的值是 24。

2. 設備保養次數分析

- 保養次數最多的設備編號爲 EquipmentID_540，該設備被保養了 11 次。

3. 異常模式分析

- 異常模式中，STD（標準異常）模式出現的次數最多，達到 421 次。

4. 不同生產廠之間的差異

- Factory_0 進行了 424 次保養，是三個生產廠中最多的，其次是 Factory_2 和 Factory_1。

03 STEP 接著我們可以利用這些資料，進行特徵工程，目的是看出更多原始資料看不到的視角或現象，新增的特徵欄位會連同原先的資料集提供檢視，您可以進行下載，但記得在 ChatGPT 裡面提供的檔案或連結都是暫時性的，過一段時間就會失效，所以要儘快下載。**輸入提詞** **利用檔案內的資料進行數據特徵工程。**

Feature Engineered Data

	Maintain_Year	Maintain_Month	Maintain_Quarter	Maintain_Value
1	2022	12	4	
2	2023	1	1	8.0
3	2023	2	1	50.0
4	2023	6	2	105.0
5	2022	8	3	
6	2022	10	4	71.0

我已經完成了數據特徵工程，並新增了以下幾個特徵：

1. Maintenance_Count：設備的保養次數。
2. Abnormal_Mode（異常模式統計）：每個設備在不同異常模式下的出現次數。
3. Maintain_Year, Maintain_Month, Maintain_Quarter：保養日期的年、月、季度特徵。
4. Maintenance_Interval：同一設備兩次保養之間的時間間隔（天數）。
5. Importance_Maintenance_Ratio：設備的重要度與保養次數的關聯指數。

這些新增的特徵可以用來進行進一步的分析或模型建構。如果您有其他特定需求或想要深入分析某些特徵，請隨時告訴我。

04 STEP 我們想要針對現有的最小保養週期，請 ChatGPT 進行優化，給出新的建議，讓我們能夠提升成本效益，可以這樣下提詞。**輸入提詞** 利用檔案內的資料進行針對最小保養週期欄位，經過最適化分析，給出優化後的建議值，用新欄位表示，並匯出更新後的資料集讓我下載。

已經完成最小保養週期的優化分析，並將優化後的建議值新增到資料集中。您可以下載更新後的資料集這裡。如果有其他需求，請隨時告訴我。

05 STEP 我們可以從裡面直接得到更有價值的資訊，**輸入提詞** 列出這份文件具有價值的洞察報告。

1. 設備保養頻率與故障風險

- **高保養頻率的設備**：一些設備，如 EquipmentID_540，保養頻率較高，可能表示這些設備的故障風險較高，建議進一步調查這些設備是否存在設計或操作問題。
- **低保養頻率但重要度高的設備**：一些設備的重要度較高，但保養次數相對較少，這可能會導致潛在的風險。建議提高這些設備的保養頻率，以減少因故障而造成的生產中斷。

2. 異常模式分析

- **常見異常模式**：在所有設備中，STD（標準異常）和 UNK（未知異常）模式出現次數最多，分別爲 421 次和 372 次。這些模式可能是設備的主要故障來源，建議針對這些異常模式進行專項檢查與預防。
- **特定異常模式集中在特定設備**：部分設備可能會出現特定的異常模式，例如某些設備可能頻繁出現 VIB（振動異常）或 NOI（噪音異常），這表明這些設備的特定部件可能存在設計或操作上的缺陷。

3. 保養間隔與最小保養週期的優化

- **保養間隔分析**：根據實際的保養間隔進行了最小保養週期的優化分析，這些優化後的建議值能夠更準確地反映設備的實際需求，從而提升保養計劃的精準度。

- **優化後的建議值**：通過優化分析，建議對部分設備延長或縮短其最小保養週期，以平衡保養頻率與運營成本，並確保設備在最佳狀態下運行。

4. 時間趨勢分析

- **保養集中時間段**：通過時間特徵分析，可以發現設備的保養工作可能在特定月份或季度集中，例如保養次數在某些月份特別多，這可能與生產計劃、設備使用頻率等因素相關。建議根據這些趨勢進行保養資源的合理配置，以避免保養高峰期間的資源緊張。
- **季節性影響**：如果發現設備保養在某些季度特別集中，可能需要分析季節性因素對設備運行的影響，並考慮在特定季節前進行重點保養。

5. 設備重要度與保養策略

- **設備重要度與保養次數的關聯**：通過計算設備重要度與保養次數的關聯指數，可以識別出一些重要度較高但保養次數相對不足的設備。這些設備可能需要在未來的保養計劃中增加保養次數，以避免潛在的風險。

總結

這份報告提供了關於設備保養的深入洞察，並提出了基於實際數據的具體建議，有助於提升設備管理的效率和可靠性，減少故障風險，優化保養計劃。建議根據這些洞察進一步調整保養策略，以達到更好的運營效果。

06 STEP 接著領域專家告訴我們，可以這樣繼續追問下去，**輸入提詞** **各生產廠相同設備類別型式與設備的最小保養週期相關性爲何？**

以下是各生產廠內，相同設備類別型式與設備的最小保養週期之間的相關性分析結果：

- Factory_0:
  - 在 Equipment_Type_11 類別型式下，設備的最小保養週期與優化後的保養週期之間的相關性爲 -0.999，顯示出高度負相關，這意味著在這個設備類別中，原先設定的最小保養週期與實際需求之間存在明顯的逆向關係。
  - 其他設備類別型式的相關性結果顯示爲 NaN，可能是由於樣本數量不足或該設備類別型式中的數據不具代表性。

- Factory_1:
  - 在 Equipment_Type_13 類別型式下，設備的最小保養週期與優化後的保養週期之間的相關性為 -0.167，這表明這類設備的最小保養週期與實際需求之間的相關性較弱，且有輕微的負相關性。
  - 其他設備類別型式的相關性結果顯示為 NaN。
- Factory_2:
  - 大部分設備類別型式的相關性結果顯示為 NaN，這可能意味著數據不足或在這些設備類別型式中，最小保養週期與實際需求之間的關係不顯著。

洞察與建議：

- 高度負相關的設備類別型式（如 Factory_0 中的 Equipment_Type_11）表明現行的最小保養週期可能需要重新評估，因為原設定可能過於頻繁或不足，與實際需求不符。
- 對於相關性較低或無法計算相關性的設備類別型式，可能需要進一步收集數據或進行更詳細的分析，以確保保養週期的設定更符合設備的實際運行需求。

07 STEP 有時候反問是一種更棒的分析與找到問題的手法，**輸入提詞** 是否保養周期較短的設備其故障保養的次數較少？

根據線性回歸分析的結果，設備的最小保養週期與其故障保養次數之間存在正相關，回歸斜率為 0.062。這意味著隨著保養週期的增加，設備的故障保養次數也可能增加。此外，相關係數（r 值）為 0.232，這表明這種關聯性是存在的，但並不強。

此外，p 值極低（接近於零），顯示這種相關性具有統計顯著性。

洞察與建議：

- **結論**：保養週期較短的設備，其故障保養次數並未明顯減少。相反，保養週期較長的設備似乎更容易累積故障保養次數。
- **建議**：可能需要重新評估某些設備的保養週期設置，特別是那些保養頻率較低但故障保養次數較多的設備，這可能表明當前的保養計劃不夠充分。

08 STEP 最後，如果你需要和上級報告或者想要將上述的分析結果保存，可以這樣下提詞，就能得到一份 word 報告了，下圖是產出 word 檔的畫面。

輸入提詞 最後請將所有的分析整理成一份正式的報告，報告中要有圖，也要有洞察結果。並產生 word 檔，讓我下載。

設備保養數據分析報告

概述

本報告基於提供的設備保養數據集，進行了全面的數據分析，涵蓋了設備保養頻率、異常模式、最小保養週期優化，以及保養週期與故障次數之間的相關性分析。

設備保養頻率與故障風險分析

我們分析了每台設備的保養頻率，並發現保養次數較高的設備，如 EquipmentID_540，可能表明這些設備的故障風險較高，建議對這些設備進行更詳細的調查。

異常模式分析

異常模式的分析顯示，STD（標準異常）模式出現次數最多，達到 421 次。這些異常模式可能是設備主要的故障來源，建議針對這些模式進行專項檢查與預防措施。

以下圖表顯示了不同異常模式的分佈情況：

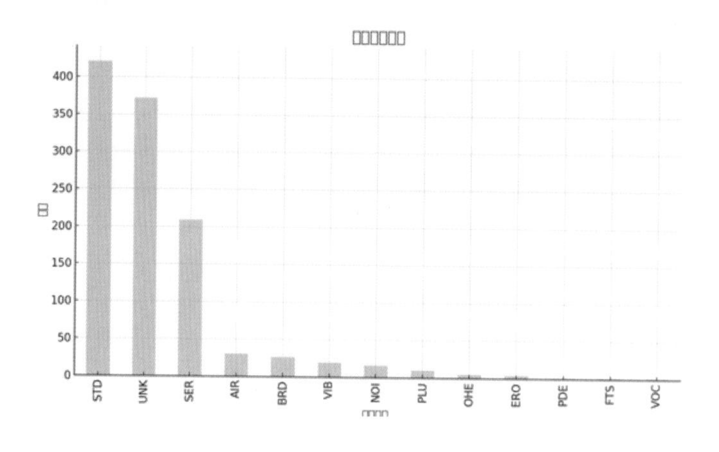

CHAPTER 7

全民機器學習 Chat AI、Cursor AI 實際操演

隨著人工智慧和機器學習技術的快速發展，這些曾經只屬於專業技術人員的領域，現在已經逐漸普及到普通用戶中。如今，即使你對程式設計一竅不通，也能夠透過 ChatGPT 這樣的工具，輕鬆進行機器學習的實際操作。本章節將帶領你從零開始，探索如何利用 ChatGPT 建立 AI 模型，並完成一系列實際的預測任務。透過實例將展示出，即便是程式小白，也能迅速掌握 AI 技術的精髓，並將其應用於各種實際場景中。

7.1 Chat AI，程式小白的救星！

機器學習曾經是一項專屬於資料科學家和工程師的高深技術，對於沒有程式設計背景的普通人來說，往往顯得遙不可及。然而，隨著 ChatGPT 等先進工具的出現，即使你對程式碼一竅不通，也能透過 ChatGPT 輕鬆上手機器學習，並快速掌握 AI 技術的精髓。

在這一部分，我們將展示如何使用 ChatGPT 來進行機器學習的基礎操作。透過直觀的指令和對話介面，ChatGPT 可以幫助你從零開始，無須繁複的程式設計知識，就能進行 AI 任務或者構建出一個實用的 AI 模型。這不僅讓你能夠立即投入到機器學習的實作中，更能讓你在實際應用中取得驚人的成效。

當我們提到機器學習，許多人可能會立刻聯想到複雜的數學公式、難懂的程式碼，甚至是需要多年積累的專業知識。然而，隨著 ChatGPT 的出現，這種技術門檻正逐步被打破。無論你是剛開始接觸機器學習的新手，還是完全沒有程式設計經驗的「程式小白」，ChatGPT 都能讓你快速上手，並掌握這一強大的技術。

爲什麼說 ChatGPT 是程式小白的救星？

ChatGPT 的強大之處在於它能夠理解自然語言，並將複雜的機器學習過程簡化為簡單的指令操作。你不需要懂得如何寫一行代碼，也不需要掌握任何編程語言，只需透過與 ChatGPT 的對話，就能完成大部分的機器學習任務。這一切的關鍵在於它的「直觀性」，只要你表達你的需求，ChatGPT 就會根據你的描述進行操作。

例如，過去你可能因為市場波動而擔心鋼材價格的變動，想要建立一個能夠預測鋼材價格的模型。以前，這可能需要你花費大量時間學習和編寫程式碼，但現在，只需向 ChatGPT 提問：「**我想建立一個預測鋼材價格的模型，需要怎麼做？**」它就會一步步指導你完成整個過程，從數據導入、資料前處理到模型訓練與測試，甚至是最終的預測結果展示，所有步驟都能輕鬆實現。

建立一個預測鋼材價格的模型是一個相對複雜的任務，涉及多個步驟，以下是一般流程，分成幾個關鍵階段：

1. 收集數據

- **歷史價格數據**：收集過去一段時間的鋼材價格數據，這可以從市場報告、行業網站或商業數據供應商處獲得。
- **影響因素數據**：除了價格外，收集影響鋼材價格的相關數據，如原材料成本 (如鐵礦石價格)、供應鏈狀況、經濟指標 (如 GDP 增長率、通脹率)、政策變化、季節性因素等。
- **外部數據**：如國際貿易數據、貨幣匯率、競爭對手的生產量及庫存等。

2. 數據清洗與處理

- **缺失值處理**：處理數據中的缺失值，例如使用平均值填補、插值法等。
- **異常值檢測**：識別並處理異常數據，以避免其對模型產生不良影響。
- **數據標準化**：對數據進行標準化處理，確保數據在相同尺度上，尤其是對不同範圍的數據進行縮放。

這樣的流程不僅大幅降低了學習門檻，還讓你在實際操作中更快地掌握了 AI 技術的核心概念。想像一下，未來的你能夠在短時間內建立起自己專屬的 AI 模型，並將其應用於工作或日常生活中，這將會是多麼強大的技能。

以下的步驟同樣是由 ChatGPT 提供的內容，您可以試著按照這些步驟和指令，有系統地完成整個 AI 預測的基本操作，包括數據導入、資料前處理、模型訓練以及預測與分析四個階段。這一切都不需要您撰寫任何代碼，是不是覺得 AI 預測其實沒那麼難？透過持續的自我學習，您可以進一步提升 AI 的應用能力，為您的職場增添更多價值。

01 STEP 導入數據

你可以輸入：「請幫我導入鋼材價格的歷史數據。」ChatGPT 將會指示你如何上傳數據或從線上資源中獲取數據。

02 STEP 資料前處理

指令範例：「請幫我清理數據，處理缺失值並篩選相關特徵。」ChatGPT 將會自動處理數據，並生成簡單的統計分析報告。

03 STEP 模型訓練

接下來，你可以輸入：「使用線性迴歸來訓練模型。」ChatGPT 將會執行模型訓練，並提供結果。

04 STEP 預測與分析

最後，你可以要求進行預測：「請用模型預測未來三個月的鋼材價格。」ChatGPT 將生成預測數據並提供圖表分析。

在完成上面的牛刀小試後，接下來我們將準備完整的實際案例，帶領大家深入了解 ChatAI 的應用場景。

7.2 鋼材價格預測

在鋼材價格預測這個案例中，我們將深入探討如何利用 ChatGPT 來進行鋼材價格的預測。鋼材作為工業製造中至關重要的原材料，其價格波動對企業的經營決策有著深遠的影響。透過這個實作案例，你將學習如何獲取並利用歷史數據，並結合傳統統計方法與機器學習模型來預測未來的鋼材價格走勢，從而幫助企業在市場變動中做出更為明智的決策。

我們將引導你從數據準備開始，使用一些特殊的技巧來獲取歷史數據。接著，講解如何進行數據清理、特徵選擇、模型訓練，直到最後的預測結果分析與解讀。透過這個過程，你將掌握如何應用機器學習技術來解決實際的商業問題，並為企業提供有力的決策支持。

STEP 01 教你運用特殊技巧取得鋼材的歷史數據，我們可以先打開富邦證券所提供的原物料價格走勢圖網站，網址與網頁畫面如下：

https://fubon-ebrokerdj.fbs.com.tw/z/ze/zeq/zeqa_D0200110.djhtm

你可以從中看到中鋼盤價的資料顯示了從 2010 年到最近的價格，但這個頁面是一個圖檔，無法直接提取其中的歷史數據。即使你嘗試使用滑鼠右鍵點選「檢視原始碼」來查看數據，由於這些數據是動態載入的，因此仍然無法獲取真正的數據。

這時，我們要介紹一個實用的技巧。首先，在網頁上按下鍵盤的 F12 鍵，這將打開開發者工具。接著，點選「Network」的頁籤，如下圖紅框所示：

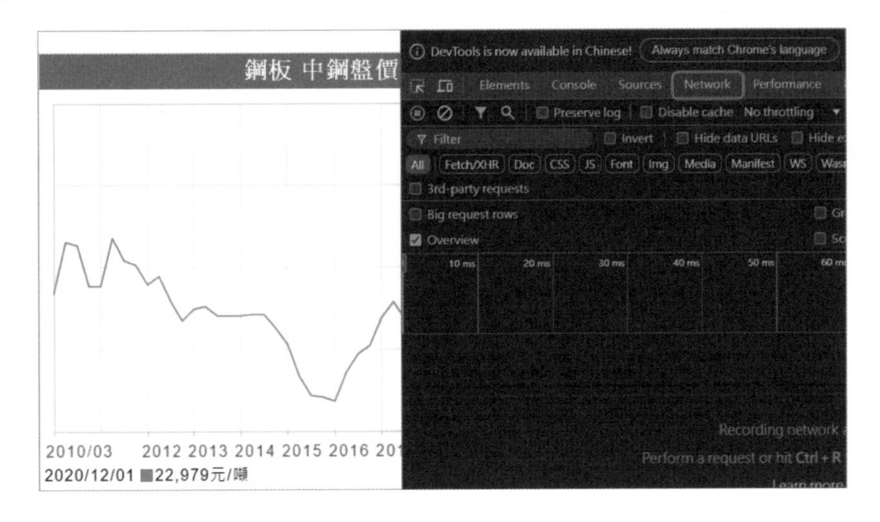

02 STEP 請點選網頁的重新載入圖示，如下圖左上紅框處。您會發現「Network」下方出現了新的資料紀錄。再點選中下紅框處的「CZHG.djbcd?A=200110」，點選後，右方將顯示相關資訊。您只需複製這個顯示的連結，這個連結就是可以查看到原始數據的網址。透過這個網址，您將能夠直接取得圖檔中的歷史數據。

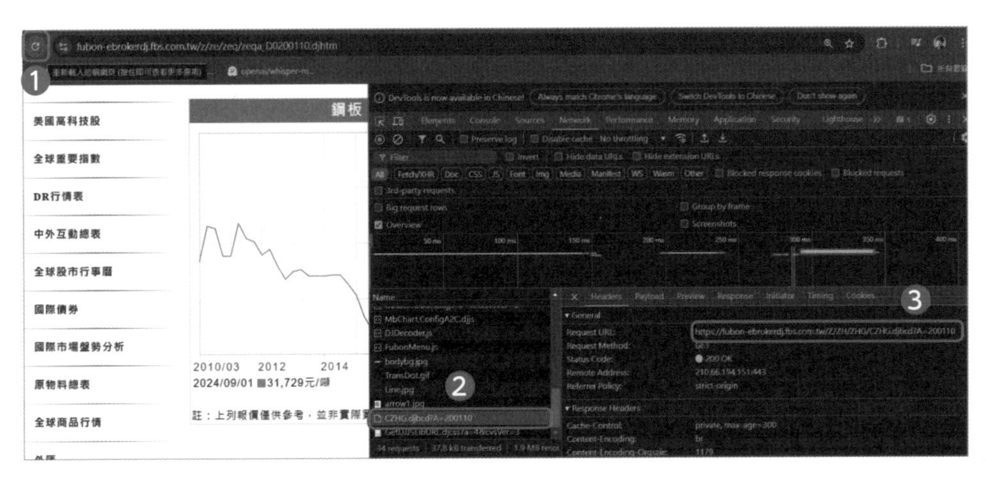

將上述複製的網址貼到新開的網頁後，您將會看到如下圖所示的數據資料。恭喜您，這樣就成功了一半！這個技巧您也可以嘗試應用到其他需要抓取資料但不知道如何取得的情境中，或許會有意想不到的效果。

您可能會發現，取得的數據資料看起來非常密集且難以理解。別擔心，其實這些資料是有一定格式的。接下來，就是 ChatGPT 大展身手的時候了。在下一個步驟中，我們將教您如何利用 ChatGPT 來進行資料清理，讓這些密密麻麻的數據變得更清晰、易於使用。

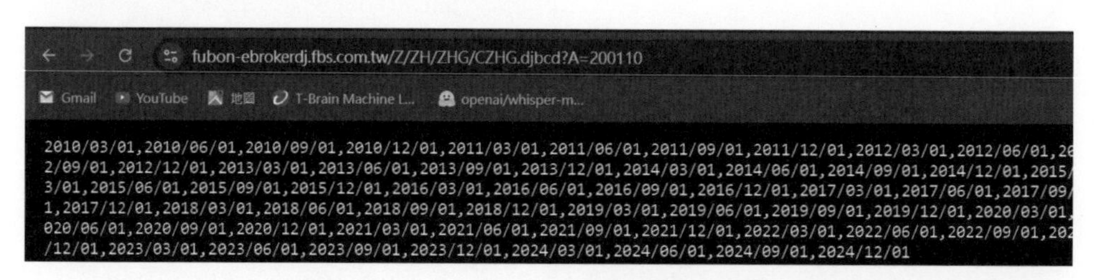

03 STEP 將步驟二中獲得的那些密密麻麻的數據內容複製下來，貼到 ChatGPT 的對話框中。接著輸入提詞後一起傳送 **輸入提詞** 將上面資料轉成 csv 讓我下載。

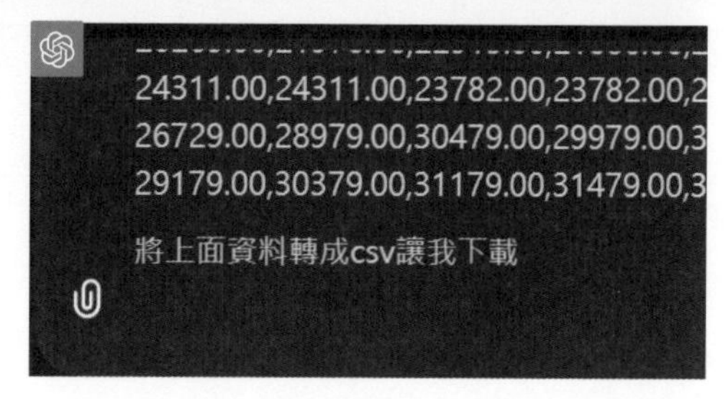

	A	B
1	Date	Value
2	2010/3/1	23451
3	2010/6/1	26600
4	2010/9/1	26400
5	2010/12/1	23890
6	2011/3/1	23911
7	2011/6/1	26860
8	2011/9/1	25479
9	2011/12/1	25200
10	2012/3/1	24000

左圖展示了 ChatGPT 幫忙整理並生成的 CSV 檔案內容的示意圖。你將會驚喜地發現，這個過程實現了數據的神奇轉變：原本看似雜亂無章、不易解讀的資料，經過 ChatGPT 的處理後，變成了我們需要的標準格式，包含日期與價格的清晰 CSV 檔案。這樣一來，後續進行分析和預測就方便許多。

04 STEP 將步驟三下載的 csv 檔案上傳到 ChatGPT 後，**輸入提詞** 進行分析鋼筋價格歷史趨勢。

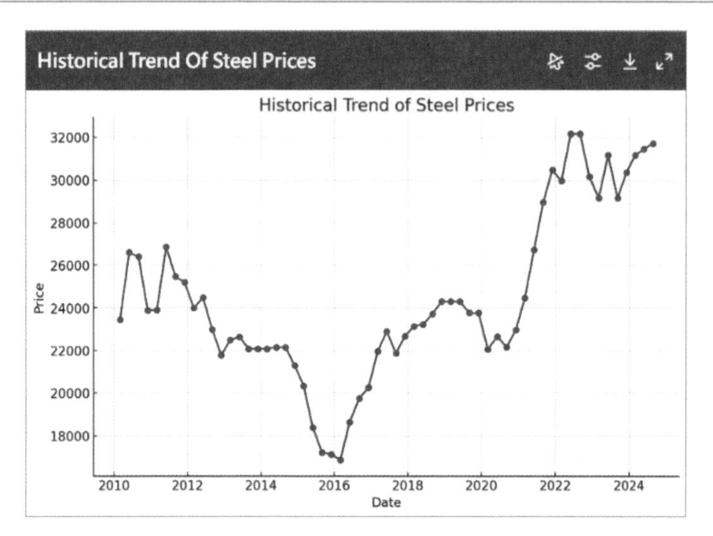

這張圖顯示了鋼筋價格的歷史趨勢。從圖中可以看到價格隨著時間的變化趨勢。若您需要更詳細的分析或希望探討特定時間段內的價格變動，請隨時告訴我。[>_]

05 STEP 先進行統計分析看看，輸入提詞 利用統計季節性分析，看看鋼筋是否有季節性，同時告訴我週期是多少。

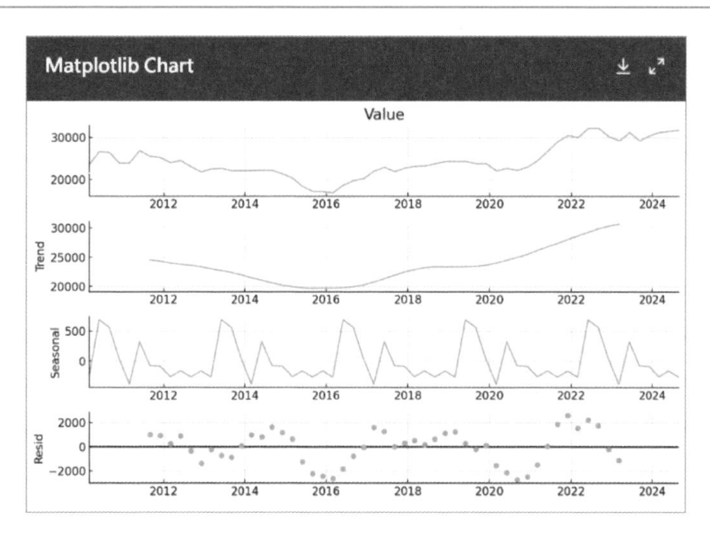

從統計季節性分析的結果可以看出，鋼筋價格的時間序列可以分解成趨勢、季節性、和殘差三個部分。根據分析，鋼筋價格確實存在季節性變化，並且這個季節性週期爲 59 個月。

06 STEP 接著看看趨勢有何化，**輸入提詞** 鋼筋價格的趨勢有何變化？

從剛才的季節性分解結果中，我們可以觀察到鋼筋價格的趨勢成分。趨勢成分代表了長期的變動趨勢，去除了短期波動和季節性影響。以下是鋼筋價格趨勢的幾個主要觀察點：

1. 長期趨勢：

- 在圖中可以看到，鋼筋價格有顯著的長期趨勢。這個趨勢可以分爲幾個階段，某些時期價格上升，而在其他時期價格下降。
- 在早期（例如 2010 年至 2011 年），鋼筋價格呈現上升趨勢。這可能反映了當時市場需求的增長或供應的減少。
- 隨著時間的推移，價格出現了波動，包括下降趨勢和再次回升的趨勢。這些波動可能與經濟條件、原材料成本、以及其他市場因素相關。

2. 短期波動：

- 在整個趨勢中，鋼筋價格也展示了明顯的短期波動，這可能是由於市場的短期供需變化、政策變動、以及季節性因素所導致。

3. 近期趨勢：

- 在更接近當前的數據中，價格似乎又出現了一些回升的趨勢，這表明市場可能正經歷新一輪的需求上升或供應緊張。

07 STEP 使用傳統統計的 arima 進行鋼筋價格預測，**輸入提詞** 利用 arima 進行鋼筋價格的未來 2 年，每一季的價格預測。

根據 ARIMA 模型對未來兩年每一季鋼筋價格的預測結果，預計價格將穩定在約 31,773 元左右。以下是具體的預測結果：

- 2024 年第四季度：預測價格爲 31,772 元，信心區間爲 29,494 至 34,051 元。
- 2025 年第一季度：預測價格爲 31,774 元，信心區間爲 28,217 至 35,331 元。
- 2025 年第二季度：預測價格爲 31,774 元，信心區間爲 27,278 至 36,270 元。
- 2025 年第三季度：預測價格爲 31,774 元，信心區間爲 26,503 至 37,045 元。

- 2025 年第四季度：預測價格爲 31,774 元，信心區間爲 25,828 至 37,720 元。
- 2026 年第一季度：預測價格爲 31,774 元，信心區間爲 25,223 至 38,325 元。
- 2026 年第二季度：預測價格爲 31,774 元，信心區間爲 24,668 至 38,879 元。
- 2026 年第三季度：預測價格爲 31,774 元，信心區間爲 24,155 至 39,393 元。

根據模型的預測，鋼筋價格在未來兩年內將保持相對穩定的趨勢，但隨著時間的推移，價格區間的擴大表明了不確定性可能會增加。如果您有任何進一步的問題或需要更詳細的解釋，請隨時告訴我。

STEP 08 使用 AI 機器學習進行價格預測，**輸入提詞** **使用 AI 機器學習 XGBoost 模型進行預測未來 2 年，每一季的價格預測。調整模型的參數，降低疊代次數，並稍微提高學習率。**

要使用 XGBoost 模型來預測未來 2 年的每一季價格，並根據您的要求調整模型參數以降低疊代次數和稍微提高學習率，我將按照以下步驟進行：

1. **讀取數據**：首先，我會讀取您上傳的數據文件，檢查其內容以確定它是否包含價格數據及相關時間特徵。
2. **數據預處理**：將數據分成訓練集和測試集，並進行必要的數據清理和特徵工程，如生成時間特徵（季度等）。
3. **XGBoost 模型訓練**：
    - 設置模型參數，調整疊代次數（n_estimators）和學習率（learning_rate）。
    - 訓練模型並進行交叉驗證，以確保模型的性能。
4. **未來 2 年價格預測**：利用訓練好的模型對未來 8 個季度（2 年）的價格進行預測。
5. **結果分析**：展示預測結果並進行初步的分析。

我會先讀取和檢查數據，然後進行後續的處理。

讓我首先處理日期和特徵工程部分。

模型已經完成預測，並且模型的誤差 (RMSE) 爲 4792.07。根據模型預測，未來 2 年（2024 年第 4 季度至 2026 年第 3 季度）的價格預測如下：

年份	季度	預測價格
2024	4	27161.06
2025	1	24177.30
2025	2	26234.91
2025	3	27161.06
2025	4	27161.06
2026	1	24177.30
2026	2	26234.91
2026	3	27161.06

等等，你以為價格預測就此結束了嗎？我們進行價格預測的目的並不僅僅是得到一個預測結果，是吧？換位思考，如果你是公司的老闆或採購原料的主管，接下來應該還有許多需要做的事情。接著，你可以詢問 ChatGPT，如何幫助公司避開風險並降低採購成本。

09 STEP 輸入提詞 針對上面的數據與結果，如果你是採購的主管，想要替公司避開風險，降低採購成本，你會怎麼提問？

如果我是採購的主管，面對上述的數據與預測結果，我會考慮以下幾個問題來幫助公司避開風險，並尋求降低採購成本的策略：

1. **預測準確性與風險評估：**
   - 這些價格預測的準確性如何？有無可能出現重大偏差？我們是否有應對價格大幅波動的風險預案？
   - 預測中出現的價格波動（如 2025 年第 1 季度的顯著下降）可能代表什麼樣的市場變化？這些變化背後的原因是什麼？公司應該如何準備應對？

2. 採購時間與批量策略：

- 根據預測結果，公司應該在何時進行大量採購以獲得最低的價格？是否有季節性因素或市場事件可能影響這些價格預測？
- 我們是否應該調整採購批次與數量，以便在價格低谷時集中採購，從而降低總體成本？

3. 供應商議價與合作策略：

- 我們能否利用這些價格預測與供應商談判，以鎖定較低的價格或達成更有利的長期合約？
- 是否有機會通過多元供應商策略，從其他供應商處獲得更好的價格或條件？我們應該如何評估並選擇最優的供應商組合？

如上圖所示，ChatGPT 提供了幾個有效的策略來幫助避開風險與降低成本。接下來，您可以直接將每個項目的提問內容複製並貼到 ChatGPT 中，從而獲得更完整和具體的解決方案。這正是應用 ChatGPT 的真正價值所在，它不僅能提供初步建議，還能深入挖掘和展開具體的操作方案，助您在實際應用中達到最佳效果。

7.3 波士頓房價預測

在前一章節，我們已經實際操作了鋼材價格的預測，是否讓你意猶未盡呢？接下來，我將帶你進入房地產市場，探索如何利用 AI 技術來預測波士頓房地產市場的價格走勢。這個案例不僅展示了機器學習在經濟領域的應用，也能幫助你理解如何將複雜的社會經濟數據轉化為有價值的預測訊息。透過實作了解整個分析流程後，你只需將練習的資料換成實際分析的房地產資訊，就能輕鬆產出高品質的結果。

這個分析套路具有廣泛的適用性，透過這次實作，你將學會如何處理大量數據，並透過模型選擇與調優，獲得更精確的預測結果。無論你是從事投資還是房地產研究，這個案例都將為你提供實用的技術工具。

在今天的分析中，我們將深入探討波士頓房價數據集，這是一個經典且常用於回歸分析及房價預測研究的數據集。這個數據集來自 Kaggle，包含波士頓郊區的 506 個房屋樣本，並提供了 13 個與房價相關的重要變數，如房屋的平均房間數、當地犯罪率和學區品質等。

選擇這個數據集作為分析對象的原因有以下幾點：

1. **經典且廣泛使用**：波士頓房價數據集自問世以來便成為回歸分析的經典教材，不僅在學術研究中佔有重要地位，也成為眾多初學者學習機器學習的入門資料。其結構簡單且數據點適中，適合用來測試和驗證各種模型。

2. **多變量與房價的關聯性**：數據集中包含的 13 個變數涵蓋了影響房價的多個關鍵因素，如經濟環境、地理位置、社會指標等。透過這些變數，我們可以了解並量化每個因素對房價的影響，從而更準確地預測未來的房價走勢。

3. **歷史意義與實際應用**：儘管這個數據集收集於多年前，但它反映的問題依然具有現實意義。城市發展、房價波動等議題至今仍是經濟學家、城市規劃者以及政策制定者關注的焦點。

透過這樣的分析，你將更深入地理解房價變動的驅動因素，並能夠將這些知識應用於現實世界的房地產市場分析中。

在進行分析的過程中，我們將專注於以下幾個重點項目：

- **RM（房屋平均房間數）**：這是對房價影響最為顯著的變數之一，通常房間數越多的房屋，價格越高。

- **LSTAT（低收入人群比例）**：這個變數代表的是區域內低收入居民的比例，一般來說，該比例越高，房價可能越低。

- **PTRATIO（師生比例）**：這個變數反映了教育資源的豐富程度，較低的師生比例往往代表著更優質的教育環境，從而推高該地區的房價。

- **CRIM（犯罪率）**：區域內的犯罪率與房價有著負相關的關係，較高的犯罪率通常會導致房價下跌。

我們的目標是透過對這些變數的深入分析，利用 ChatGPT 產生預測波士頓地區未來的房價走勢。透過這樣的分析，不僅能夠更好地理解房價變動的驅動因素，還能為投資者、房地產經紀人提供實用的市場預測指引。

STEP 01 我們將利用以下網址進行相關訓練、測試與預測結果的資料集下載。打開該網址後，請將頁面拉到最下方，然後點擊右下角的「Download All」進行下載。下載後，請先解壓縮文件，裡面包含三個 CSV 檔案，這些檔案將在後續步驟中使用。

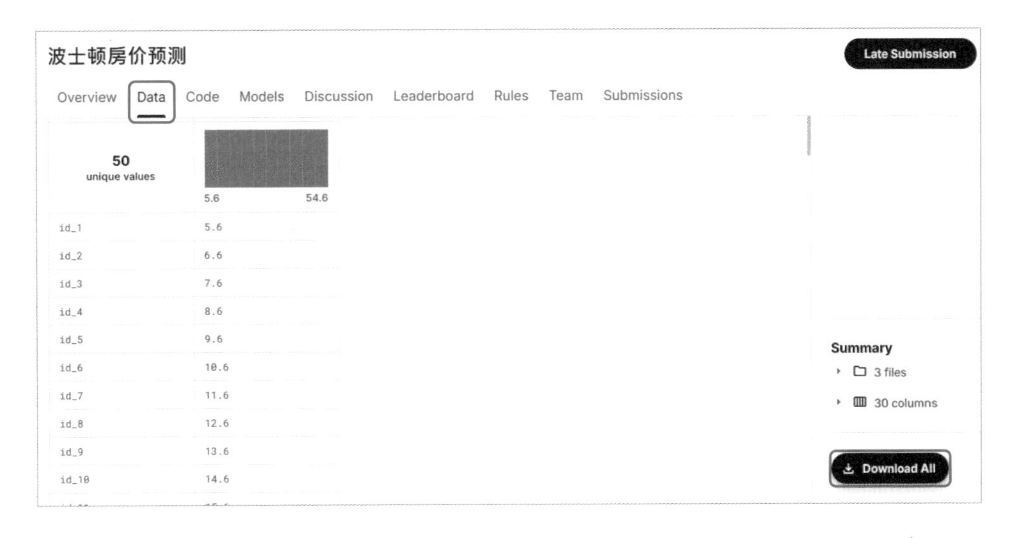

NOTE

請注意，下載資料時需要登錄，建議使用您的 Google 帳戶進行登入以簡化操作。
https://www.kaggle.com/competitions/machine-learning-on-thursday/data

STEP 02 將步驟一下載的三個 csv 檔案 (train_dataset.csv、test_dataset.csv 和 SampleSubmission.csv) 上傳。這三個檔案依次為訓練資料集、測試資料集以及預測結果樣版。接下來，我們將首先使用訓練資料集進行數據探索，這一步驟可以幫助我們更了解數據的結構和特徵。在上傳完畢後，請輸入相關的提詞，然後將指令和檔案一併發送給 ChatGPT。

輸入提詞 **我想要進行波士頓房價預測主題式分析，train_dataset.csv 是訓練資料集，其中 PRICE 欄位是房價預測結果，test_dataset.csv 是測試資料集，SampleSubmission.csv 是存放預測結果。請先利用 train_dataset.csv 內資料進行數據探索。**

我已經載入並查看了部分 train_dataset.csv 內的數據。這個訓練資料集包含以下欄位：

1. CRIM：每人犯罪率
2. ZN：佔地面積超過 25,000 平方英尺的住宅用地比例
3. INDUS：每個城鎮中非零售業務的比例
4. CHAS：是否鄰近查爾斯河（1= 是，0= 否）
5. NOX：氮氧化物濃度（每 10 百萬）
6. RM：每個住宅單位的平均房間數
7. AGE：1940 年前建造的自住房屋比例
8. DIS：與五個波士頓就業中心的距離加權距離

接下來，將對這些數據進行探索分析，包括基本統計分析和欄位間的關聯性分析。

根據對 `train_dataset.csv` 的初步數據探索，我得到了以下分析結果：

基本統計數據摘要：

- CRIM：犯罪率均值約爲 3.99，標準差爲 8.99，範圍從 0.00632 到 88.9762。
- ZN：大面積住宅用地的比例平均爲 10.91，範圍從 0 到 95。
- INDUS：非零售業務比例平均爲 11.66，範圍從 0.46 到 27.74。
- RM：平均房間數爲 6.26，範圍從 3.561 到 8.78。
- AGE：平均房齡爲 70.34 年，範圍從 6.5 年到 100 年。
- PRICE：房價均值爲 22.21，範圍從 5 到 50。

缺失值檢查：

所有欄位都沒有缺失值，因此資料質量相對較高。

與房價 (PRICE) 的相關性分析：

- RM（平均房間數）與房價呈正相關，相關係數爲 0.67，表明房間數越多，房價越高。
- LSTAT（低收入人口百分比）與房價呈負相關，相關係數爲 -0.74，表明低收入人口比例越高，房價越低。
- 其他如 NOX（氮氧化物濃度）、TAX（財產稅率）等變數與房價也有一定程度的負相關性。

03 STEP 在進行模型訓練之前，我們要先進行特徵工程。**輸入提詞** **利用 train_dataset.csv 內資料進行特徵工程。**

在進行特徵工程後，我使用了包含二次多項式特徵和標準化的管道進行模型訓練。然後，我在驗證集上進行了預測，並計算了模型的平均絕對誤差 (MAE)，結果爲 2.87。這意味著預測的房價與實際房價的平均誤差約爲 2.87 萬美元。

這樣的結果表明模型對數據的擬合效果較好，但還有進一步優化的空間。如果需要更深入的模型調整或其他特徵工程方法的應用，請告訴我。 [>_]

NOTE

特徵工程是 AI 預測過程中的關鍵步驟，它直接影響模型的準確性和效果。透過有效的特徵工程，我們可以從數據中提取出對預測結果至關重要的資訊，從而提升模型的表現。

04 STEP 我們接著使用特徵工程後的資料來進行模型的訓練。**輸入提詞** **將特徵工程處理後的資料集，使用機器學習模型 xgboost 建立 AI 預測模型。調整模型的參數，在測試中使用較小的樣本集來加快模型的訓練過程，降低疊代次數，並稍微提高學習率。**

使用較小的樣本集進行測試後，並且在降低疊代次數和稍微提高學習率的情況下，XGBoost 模型的平均絕對誤差（MAE）爲 3.08。這意味著模型在測試集上的預測誤差平均爲 3.08 萬美元。

這樣的結果表明，儘管我們減少了訓練樣本的數量，但模型仍能夠保持一定的預測準確性。如果您對結果滿意或需要進一步調整模型，請告訴我。[>_]

05 STEP 現在我們可以進行房價的預測了。使用經過特徵工程處理過的數據集，並透過之前訓練好的模型進行預測。當你執行相關提示詞後，ChatGPT 將會生成預測結果，並提供一個下載連結讓你可以取得它們。你只需點擊下載後的檔案，就能查看預測結果的詳細內容。**輸入提詞** **輸入 test_dataset.csv 資料，進行房價預測，將測試結果依照 SampleSubmission.csv 格式存放，並將更新後的 SampleSubmission.csv 含房價預測結果提供下載。**

已成功完成房價預測並將結果保存到更新後的 SampleSubmission.csv 文件中。您可以通過以下鏈接下載包含預測結果的文件：

下載 SampleSubmission_with_Predictions.csv [>_]

A	B	C
ID	value	PRICE
id_1	5.6	31.9861
id_2	6.6	26.1566
id_3	7.6	21.0566
id_4	8.6	18.6501
id_5	9.6	16.4986
id_6	10.6	17.0252
id_7	11.6	15.8799
id_8	12.6	16.3565

7.4 程式開發界的 ChatGPT —— 利用 Cursor AI 快速開發應用程式

我們將利用 Cursor AI，這款被譽為 AI 程式設計神器的工具，開發二個簡單的「To-Do List 待辦事項管理」及「線上記帳系統」應用程式。Cursor 也相容多種程式設計語言，如 Python, Java, C#, JavaScript 等。在開始之前，這裡提供兩部介紹 Cursor AI 平台的影片，幫助您了解其特色與功能。請先安裝平台，為後續的開發做好準備。

- **參考網址一：**https://youtu.be/sSkveJtpHtg

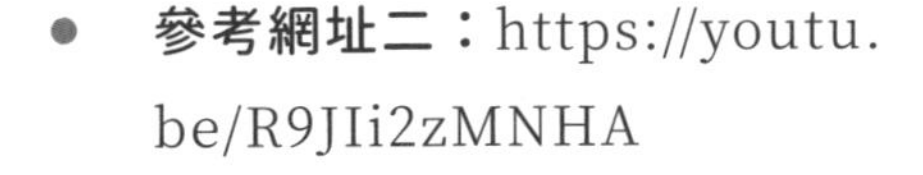

- **參考網址二：**https://youtu.be/R9JIi2zMNHA

接下來，我們將從零開始，以對話的方式逐步完成這項任務。以下是具體操作步驟：

範例一 To-Do List 待辦事項管理

STEP 01 開啟新的檔案 File ➡ New Text File。

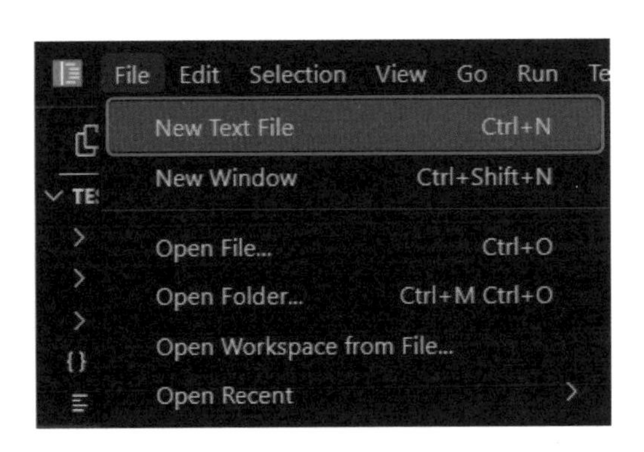

STEP 02 請點擊紅框中的文字，準備輸入開發應用程式的需求。

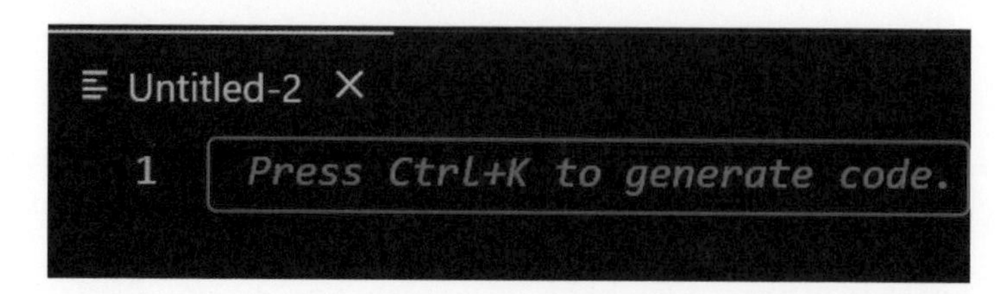

NOTE

本範例是使用 Python 程式碼來撰寫，如果您希望生成 Java 程式碼，只需在提示詞的最後加上「請用 Java 來完成」。

STEP 03 **輸入提詞** 我想要建立一個 To-Do List 程式，讓使用者能夠新增、刪除和更新任務，並設置每個任務的截止時間。

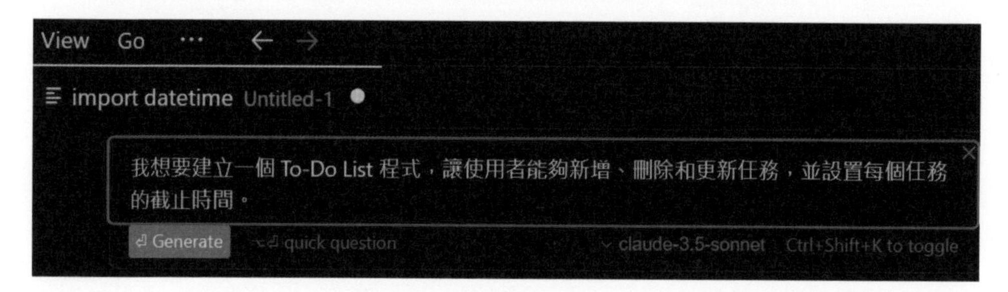

STEP 04 按下 Generate，自動產生程式碼。

我想要建立一個 To-Do List 程式，讓使用者能夠新增、刪除和更新任務，並設置每個任務的截止時間。

Generate quick question claude-3.5-sonnet Ctrl+Shift+K to toggle

Ctrl+Shift+Y Ctrl+N

```
import datetime

class Task:
    def __init__(self, description, deadline=None):
        self.description = description
        self.deadline = deadline
        self.completed = False

class ToDoList:
    def __init__(self):
        self.tasks = []
```

05 STEP 點擊「Ctrl+Accept」，接受 AI 自動生成的程式碼後，生成的程式碼將自動更新至您的編輯視窗。

NOTE

如果您不同意變更，可以點擊右側的「Ctrl+Reject」鈕拒絕更改。

06 STEP 選取程式碼，按下 Ctrl+A（全選程式碼），然後按下 Ctrl+K（再次輸入指令），以便將程式碼改寫為可在本地執行的版本。

07 STEP 輸入以下內容：「請將程式修改為可以在本地端執行並讓使用者擁有介面操作」。再按下「Submit Edit」提交請求。

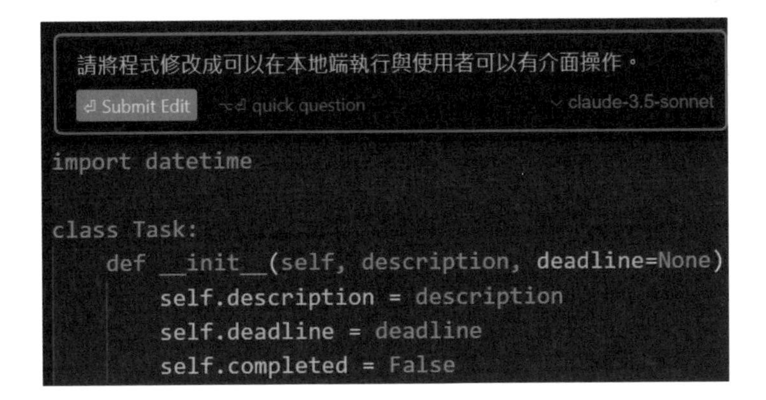

08 STEP 完成上述步驟後，將進行程式碼的重新編輯。紅色區塊顯示需要刪除的部分，而綠色區塊則是新增的內容。由於我們要全部接受更改，您可以直接點擊「Ctrl+Accept」按鈕。

NOTE

紅色區塊顯示需要刪除的部分，而綠色區塊則是新增的內容。您可以逐項檢視和確認變更。若要確認調整，請按下 Ctrl+Shift+Y；若要拒絕這次調整，請按下 Ctrl+N。

```
todo_list.display_tasks()

todo_list.delete_task(2)
def main():                                    Ctrl+Shift+Y  Ctrl+N
    todo_list = ToDoList()

    while True:
        print("\n==== 待辦事項清單 ====")
        print("1. 新增任務")
```

STEP 09 接著按下鍵盤上的 F5 鍵執行程式。在視窗最下方的終端區塊中，如下圖所示，我們的「To-Do List 待辦事項管理」應用系統已成功完成。

```
==== 待辦事項清單 ====
1.  新增任務
2.  刪除任務
3.  更新任務
4.  顯示所有任務
5.  退出程式
請選擇操作 (1-5)：
```

STEP 10 我們將進行功能測試，以「新增任務」為例。請輸入 1，然後按下 Enter 鍵。接著依序輸入任務描述及截止日期，這樣就完成了一筆待辦事項的新增。

```
請選擇操作 (1-5)：1
請輸入任務描述：撰寫會議紀錄
請輸入截止日期 (YYYY-MM-DD，如果沒有請直接按 Enter)：2024-10-10
```

STEP 11 顯示目前的待辦事項：請輸入 4，然後按下 Enter 鍵，即可顯示剛才新增的待辦事項。這樣，我們就可以利用這個 AI 工具撰寫更多應用程式的開發了。

```
==== 待辦事項清單 ====
1.  新增任務
2.  刪除任務
3.  更新任務
4.  顯示所有任務
5.  退出程式
請選擇操作 (1-5): 4
0.  撰寫會議紀錄 - 狀態：未完成，截止日期：2024-10-10
```

範例二 線上記帳系統

STEP 01 開啟新的檔案：File ➡ New Text File。

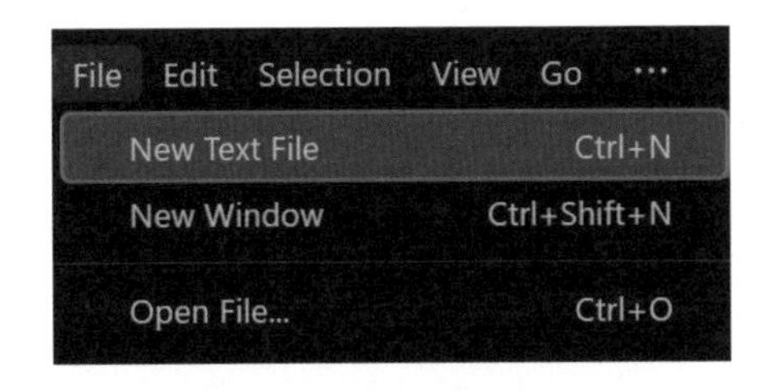

STEP 02 請輸入開發應用程式的需求，點擊紅框中的文字。

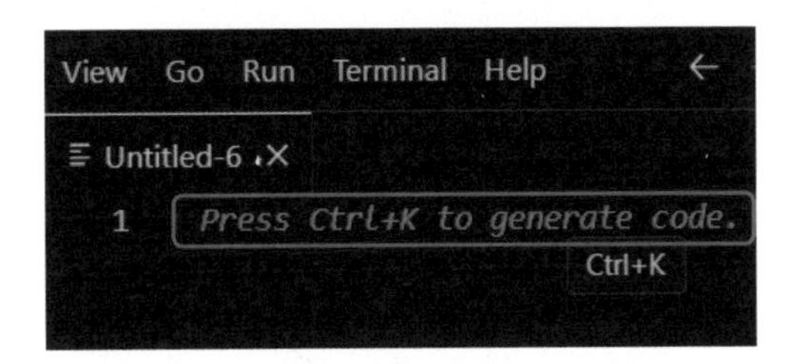

STEP 03 輸入提詞「用 python gradio 開發一個簡單的記帳系統」。並且按下 Generate，自動產生程式碼。

04 STEP 接受 AI 自動生成的程式碼：點擊「Ctrl+Accept」後，生成的程式碼將自動更新至您的編輯視窗。若不同意變更，可以點擊右側的「Ctrl+Reject」按鈕拒絕更改。

用python gradio開發一個簡單的記帳系統

Ctrl+⏎ Accept　Ctrl+⌫ Reject　Follow-up instructions... Ctrl+Shift+K

```python
import gradio as gr

# 儲存所有記帳紀錄的列表
records = []

def add_record(date, description, amount):
    record = {
        "date": date,
        "description": description,
        "amount": amount
    }
    records.append(record)
    return f"日期: {date}\n描述: {description}\n金額: {amount}"
```

05 STEP 按下鍵盤上的 F5 鍵來另存檔案名稱並且執行程式，這裡我們將檔案名稱存成 text.py，再按下「存檔」按鈕，之後程式會繼續執行。

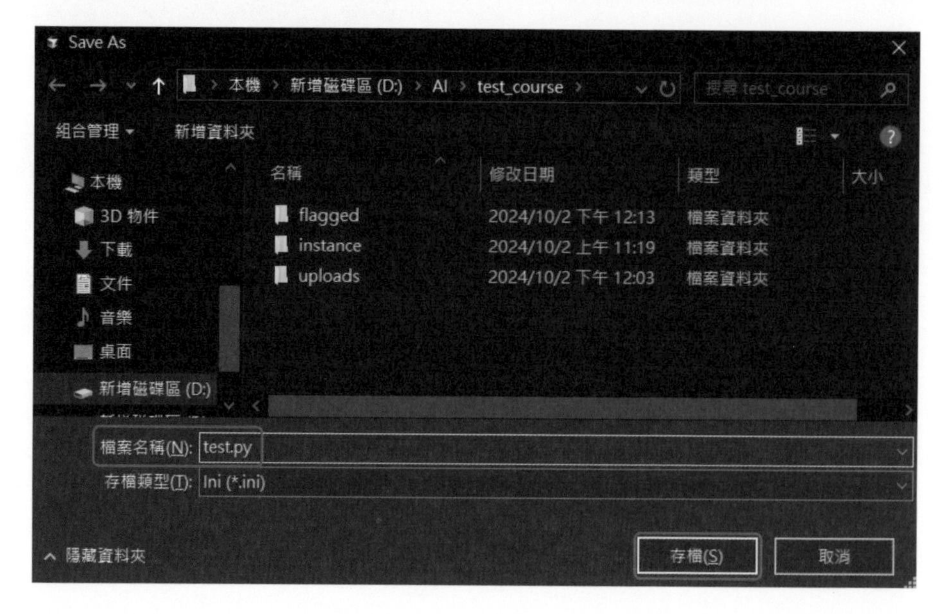

06 STEP 程式執行完成後，畫面最下方會如下圖所示的網址，表現執行成功。這時候請選取並複製這個 http://127.0.0.1:7860 網址。

```
25    add_iface = gr.Interface(
26        fn=add_record,
27        inputs=[date_input, description_input, amount_input],
28        outputs="text",
29        title="記帳系統",

PROBLEMS    OUTPUT    DEBUG CONSOLE    TERMINAL    PORTS

ncher' '57962' '--' 'D:\AI\test_course\test.py'
Running on local URL:  http://127.0.0.1:7860

To create a public link, set `share=True` in `launch()`.
```

07 STEP 開啟瀏覽器並且貼上網址，將會看到們設定好得記帳系統的首頁。

08 STEP 我們先輸入第一筆消費記錄，依序輸入日期、描述與金額，完成後按下 Submit 送出新增消費紀錄內容。右方 output 會同步顯示新增的內容。

新增記錄 查看記錄

記帳系統

在這裡新增你的記帳紀錄。

日期

2024/10/10

描述

買衣服

金額

799

Clear

Submit

output

日期: 2024/10/10
描述: 買衣服
金額: 799

Flag

09 STEP 點選上方的「查看記錄」頁籤並按下「Generate」，就會顯示已新增的紀錄內容。

如果你在步驟八新增了二筆，這裡就會出現二筆紀錄，如最下面的圖片內容。

MEMO

CHAPTER

8 GPTs 介紹與案例實作

在這個數位化的時代，人工智慧（AI）已成為我們生活與工作的不可或缺的一部分。隨著 AI 技術的進步，越來越多的工具被開發出來以幫助我們提升效率、解決問題，而其中最令人興奮的發展之一，便是 OpenAI 推出的 GPTs（GPT Store）商城。這個平台讓我們可以輕鬆打造屬於自己的專屬 AI 助手，無論是創建流程圖、進行可視化、進行科學計算，還是撰寫學術論文，GPTs 都能為我們提供無限可能。

本章將帶您深入了解各種最優質的 GPTs 工具，這些工具能夠大大提升工作效率和創造力。我們將介紹適合繪製異想天開圖表的 Whimsical Diagrams，以及強大的可視化工具 Diagrams‹Show Me›。此外，我們還將探討如何利用 Wolfram 這一科學計算領先者來補足 ChatGPT 的不足，並介紹能輕鬆幫助您完成論文的兩款工具：Consensus 與 Academic Assistant Pro。

不僅如此，我們還將教您如何打造專屬的 GPTs，例如作為台北房地產的諮詢專家或企業級知識庫查詢助手。這些工具不僅實用，同時也是企業落地應用的最佳實務，更能讓您在專業領域中脫穎而出。

透過本章節的學習，您將掌握如何運用這些先進的 GPTs 工具，輕鬆應對日常工作中的各種挑戰，並為您的職業生涯注入新的動能。

8.1 GPTs 商城介紹

什麼是 GPTs ？ GPTs（GPT Store）是由 OpenAI 推出的客製化語言模型系統，讓用戶可以創建和分享專屬的 AI 助手或機器人。這些機器人可以被設計來完成特定的任務，如寫作、數據分析、程式編寫等等。不論是企業使用還是個人應用，GPTs 提供了一個無須編寫程式的直觀平台，讓每個人都可以輕鬆創建屬於自己的 AI 工具。

GPTs 的特色

特點	說明
語言生成能力	GPTs 可以生成自然流暢的文字，適用於寫作、翻譯、編碼等。
廣泛應用範圍	無論是創意寫作、客戶服務還是程式設計，GPTs 都能根據需求進行定制化。
客製化設計	用戶可以自定義機器人的外觀、能力和行爲，無須編碼基礎，即可輕鬆設計 AI 助手。
便捷的使用平台	GPTs 商店提供了各類已設計好的 GPTs，讓用戶可以直接使用，也可以分享自己的創作。
開放性與共享	免費用戶也可以使用他人創建的 GPTs，付費用戶則可以創建和分享自己的 GPTs，並享有更低的使用限制。

8.1.1 GPTs 的應用案例

1. **客製化的知識庫查詢**：其實，GPTs 商城內的大部分應用工具，我們用原本的對話模型就能處理得相當出色。但對於我們來說，最具實用價值的其實是自訂 GPT 這個功能。你可以上傳自己的資料、文件，或者公司的規章制度與知識文件，就能立刻擁有一個由世界頂尖 AI 技術支援的知識庫查詢系統，而且完全不需要編寫程式。

   傳統上，要建立這樣的知識查詢系統，需要自建大語言模型，還得研究撰寫程式碼或檢索技術。一整套流程下來，不僅複雜，而且通常需要一個完整的團隊才能完成。因此，使用自訂 GPT 來作為個人或企業的知識庫應用，不僅大幅降低了門檻，還具有極高的 CP 值，絕對是 CP 值最高的 AI 應用落地方案。

2. **創意寫作教練**：如果你是一名寫作者，GPTs 可以成為你的專屬寫作教練。它不僅能幫助你產生創意，還能對你的文字進行潤飾，甚至提供反饋提升你的寫作技巧。
3. **數據分析助手**：GPT 可以處理大量數據，為你提供深入的分析結果。無論是財務報告還是市場趨勢分析，只需上傳相關文件，它就能幫你生成可視化圖表和分析報告。
4. **程式編寫顧問**：如果你需要進行程式設計，但對某些語言或工具不熟悉，GPT 可以充當你的編程顧問，幫助你快速找到解決方案，甚至直接生成程式碼。

8.1.2 使用情境說明

1. **企業知識庫**：如果你是採購單位，需要一個能夠回覆請、採購人員、主管的問題的服務機器人。你可以設計一個請採購小幫手 GPT，載入你自己的知識文件或內容，來幫助你回答各式各樣的問題。例如使用者提問，多少金額以上的請購案件，要送到哪一個位階的主管簽核或者需要會簽哪些相關單位。你只需要把請採購作業辦法或制度整理好，並且自訂 GPT，就完成專屬對話服務了。
2. **職場助理**：想像你是一位需要處理大量電子郵件的企業主管。你可以設計一個 GPT 來幫助你自動化回覆常見的郵件請求，甚至篩選出需要優先處理的郵件。
3. **學習輔助**：假設你是一名學生，正在準備面試。你可以創建一個專注於面試問答的 GPT，上傳相關資料後，它能模擬面試環境，幫助你充分準備面試。
4. **娛樂用途**：如果你是一名遊戲愛好者，想設計一款有趣的遊戲 GPT，你可以設定規則讓它解釋桌遊或撲克牌遊戲的規則，甚至與你進行對戰。

8.1.3 如何進入 GPTs 與操作介面說明

01 STEP 點選畫面左方的「探索 GPT」按鈕進入，畫面如右。

02 STEP 在主頁面中間的區域，你可以輸入關鍵字來查找 GPT 應用，或者點選搜尋欄下方的類別頁籤進行探索。右上角則提供了查看您自建的 GPT 和新建立 GPT 的選項。現在，我們點選“生產力”頁面來繼續操作。

03 STEP 在“生產力”頁面中，你可以在中間的區域輸入關鍵字來查找 GPT 應用，或者點選搜尋欄下方的類別頁籤進行探索。右上角同樣提供了查看您自建的 GPT 和新建立 GPT 的選項。現在，我們將點選“生產力”頁面所精選的前六名應用，其中就包括我們接下來要介紹的實用 GPT——Diagrams<Show Me>。你可以先點進去看看這個應用的詳細內容。

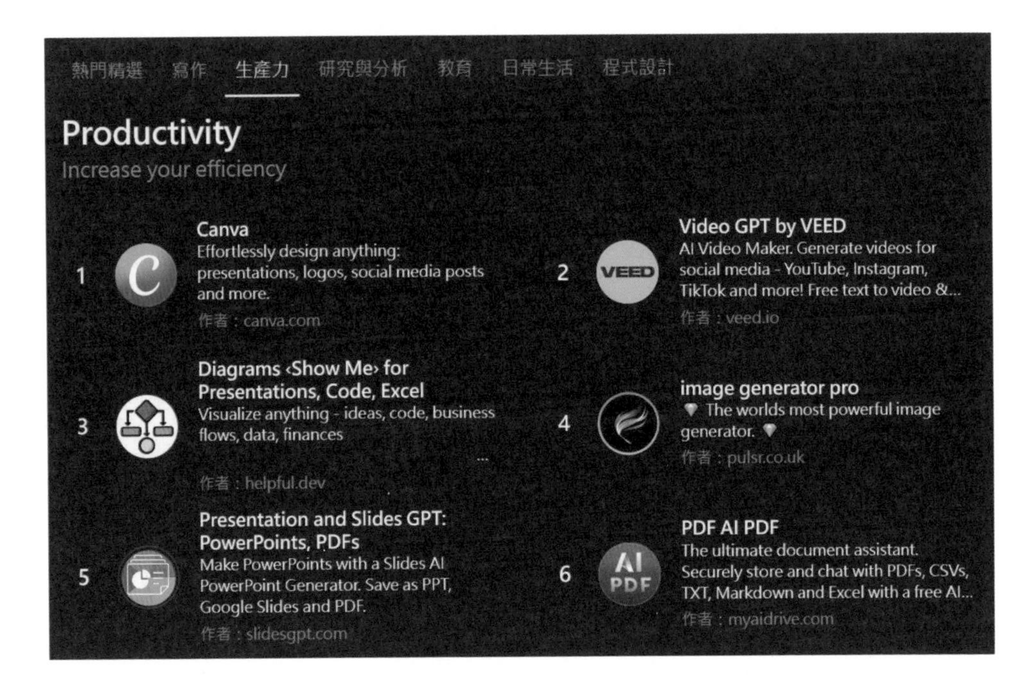

04 STEP 如下圖所示，你會看到這個 GPT 的基本介紹，包括作者、簡要說明、評分、全球排名以及使用次數等。如果想開始使用，點選下方的「開始交談」按鈕即可進入 GPT 並開始使用。通常使用人數多、評分高的應用較值得信賴，較不容易出現問題。

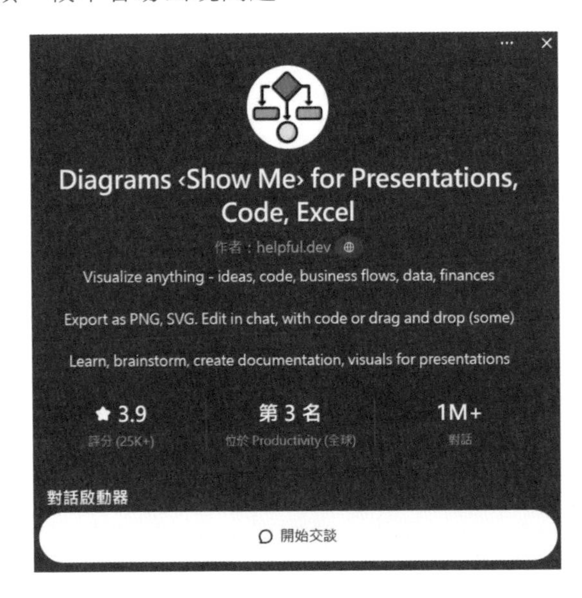

05 STEP 點進來後的操作方式與你平常使用 ChatGPT 的方式完全相同：

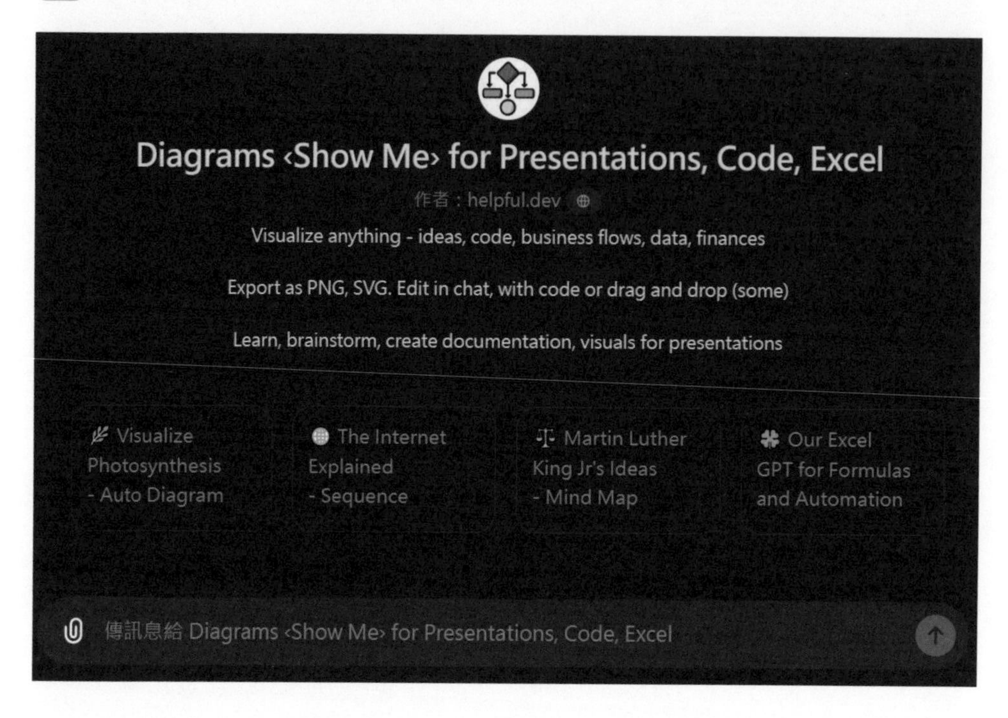

8.2 最優質的流程圖 GPT（一）：異想天開的圖表 Whimsical Diagrams

這個 GPT 可以在幾秒鐘內為你生成流程圖和心智圖，是適合用來構建概念、進行腦力激盪和製作網頁圖表的出色視覺化工具。該工具由 Whimsical 公司 (https://whimsical.com/ai) 開發，有興趣的話可以前往他們的網站了解更多。

下圖是使用這個 GPT 生成的世界文學心智圖。我只下了一個簡單的指令：「給我一個豐富的心智圖，有關於世界文學。」ChatGPT 就能生成這個既漂亮又整齊的心智圖。接下來，我將一步一步帶大家實際操作。

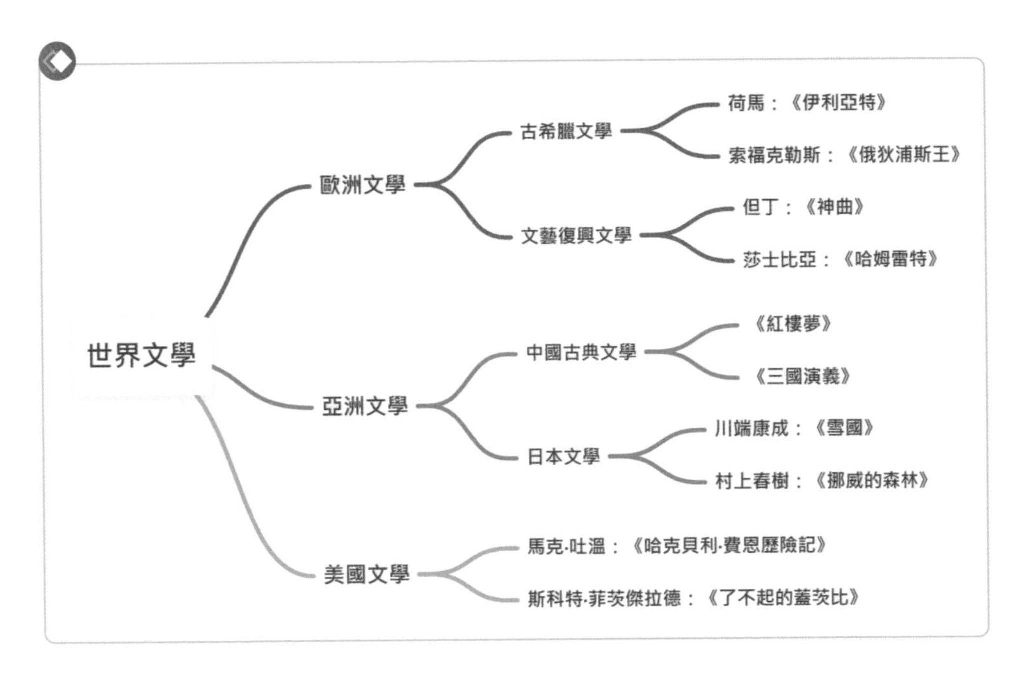

STEP 01 直接在搜尋欄輸入「Whimsical Diagrams」，然後點選「開始交談」進入使用：

02 STEP 接著我們來演示，在教育理念的場景上的應用，**輸入提詞** 建立流程圖來解釋水循環。

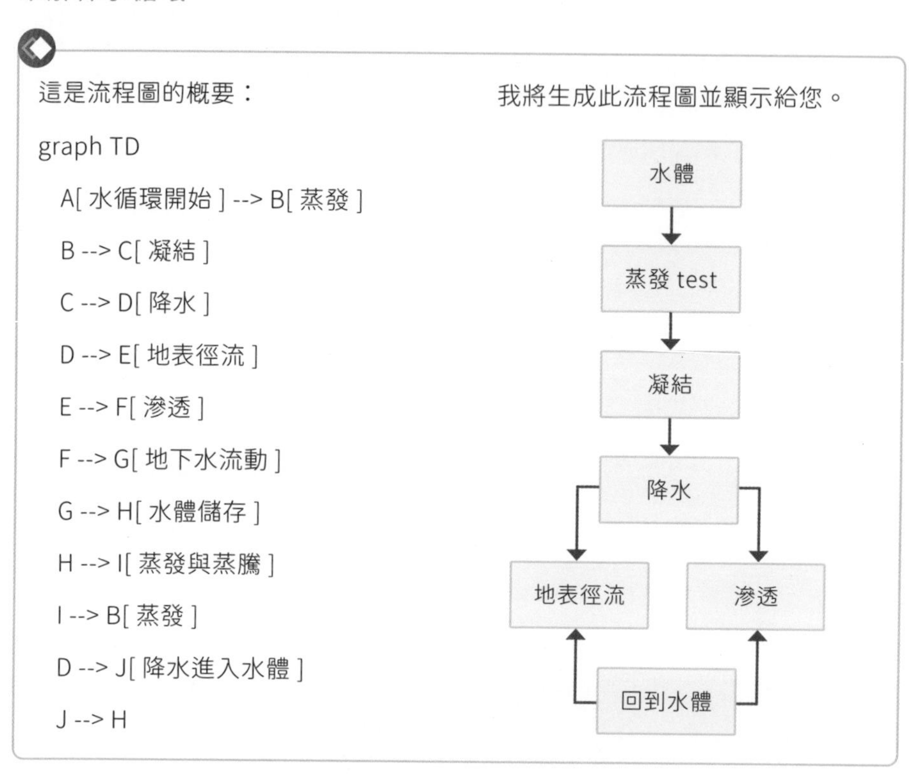

當您使用這個 GPT 時，它會先生成流程圖的 Mermaid 語法，然後再將這些語法轉換成圖表供您下載。這些生成的 Mermaid 語法內容還可以在其他線上平台上使用，您只需將內容貼上，就能直接生成圖片。

接下來，將實際操作如何在其他平台上使用 Mermaid 的內容。

01 STEP **開啓新視窗**：打開瀏覽器進入 https://mermaid.js.org/。

02 STEP **點選 Live Editor**：在網頁的右上方找到並點選「Live Editor」圖示。

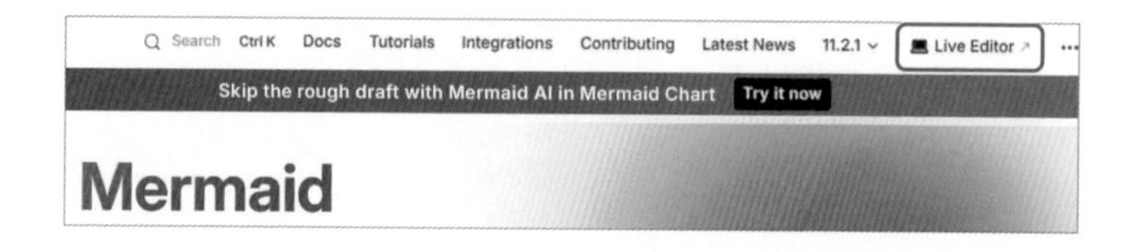

03 STEP **貼上 Mermaid 語法**：在 Live Editor 頁面中，您會看到畫面分為左右兩邊。將之前在 Whimsical Diagrams 中生成的 Mermaid 語法內容直接貼到左邊的編輯區域。

04 STEP **查看生成的流程圖**：您會發現右邊的區域會自動生成對應的流程圖，與您貼上的 Mermaid 語法內容相匹配。

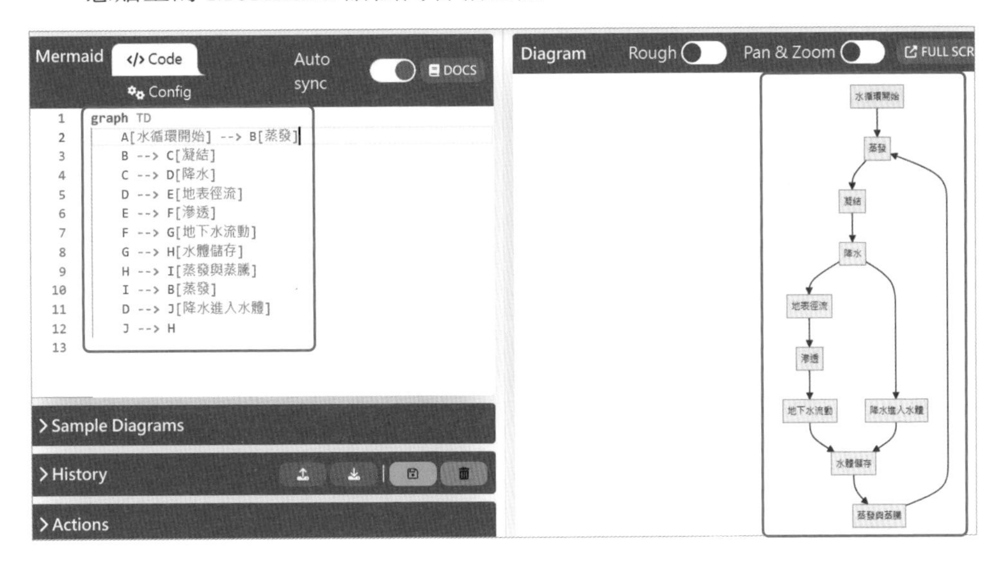

如果您想要調整流程圖中的文字內容，只需在左邊的文字框中直接進行修改。每當您做出更改時，右邊的圖表將會立即刷新，顯示更新後的內容。

接著我們來演示一個和文學相關的主題，以三國系列作為範例。我們可以這樣 **輸入提詞** 繪製一張心智圖，概述三國志的《赤壁之戰》中的關鍵主題。

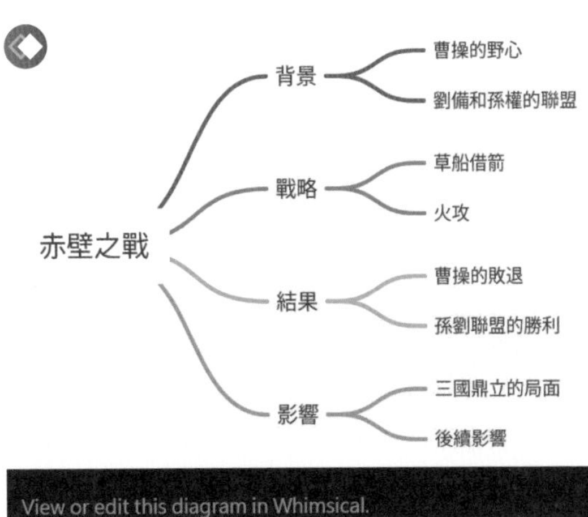

如果你想修改這個心智圖，可以點選圖表下方的「View or edit this diagram in Whimsical」連結，開啟一個新視窗並連結到 Whimsical 的官方網站，在這裡你可以直接編輯心智圖。(如果你還沒有註冊，系統會要求你開通帳號，你可以使用 Google 帳號進行註冊和登錄。)

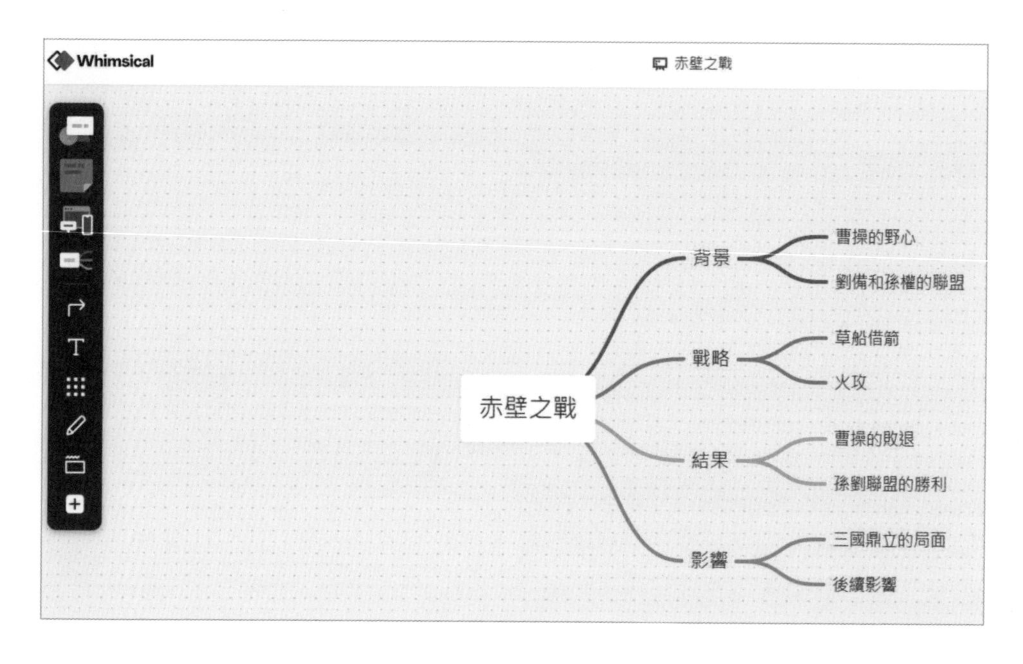

NOTE

若你想下載修改後的檔案，請點選 Export。

以業務流程視覺化為例，**輸入提詞** 產生流程圖以顯示客戶服務流程中的步驟。

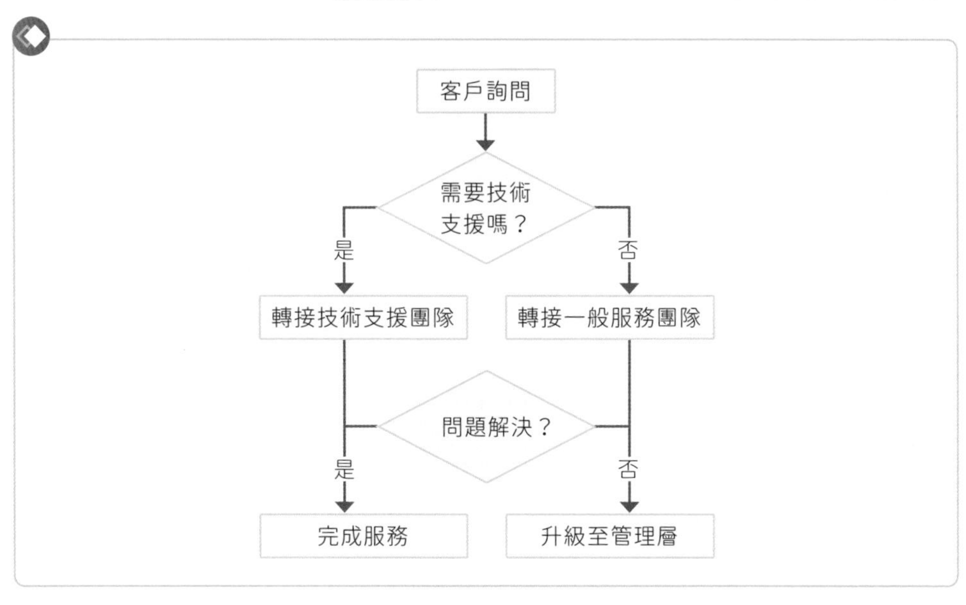

以行銷方面的流程視覺化為例，**輸入提詞** 創建心智圖，為新產品集思廣益行銷策略。

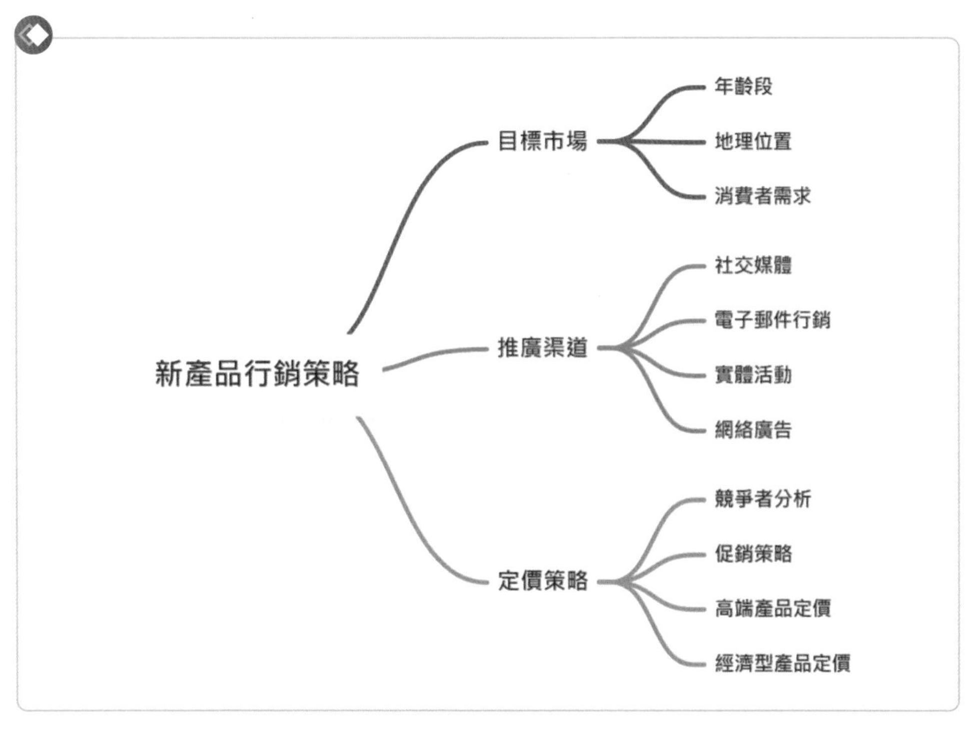

應用在日常生活中，例如你想要一個泡咖啡過程的流程圖，你只需要 **輸入提詞** 創建一個流程圖來說明煮咖啡的過程。

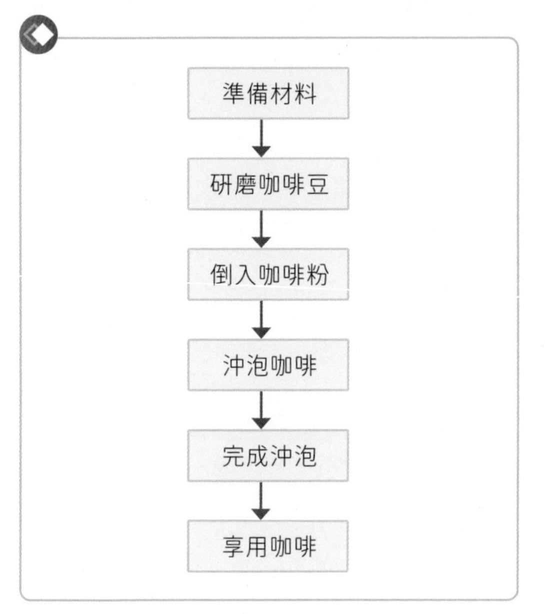

在 IT 的工作場景，你可以這樣用，**輸入提詞** 以流程圖說明詳細的軟體開發生命週期。

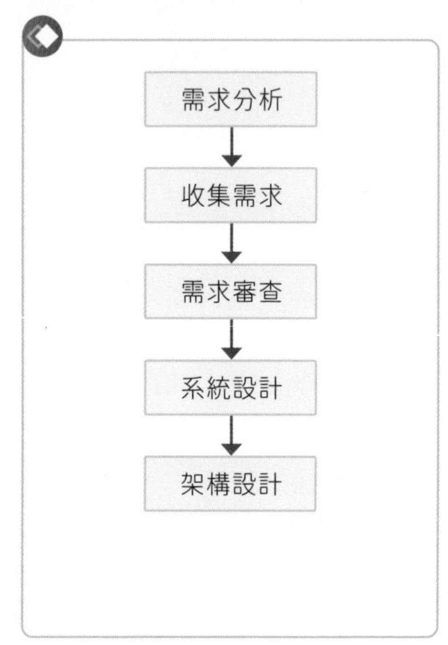

在繪製應用程序系統間的流程圖，你可以這樣用，**輸入提詞** 建立一個序列圖來示範 Web 應用程式中的使用者驗證過程。

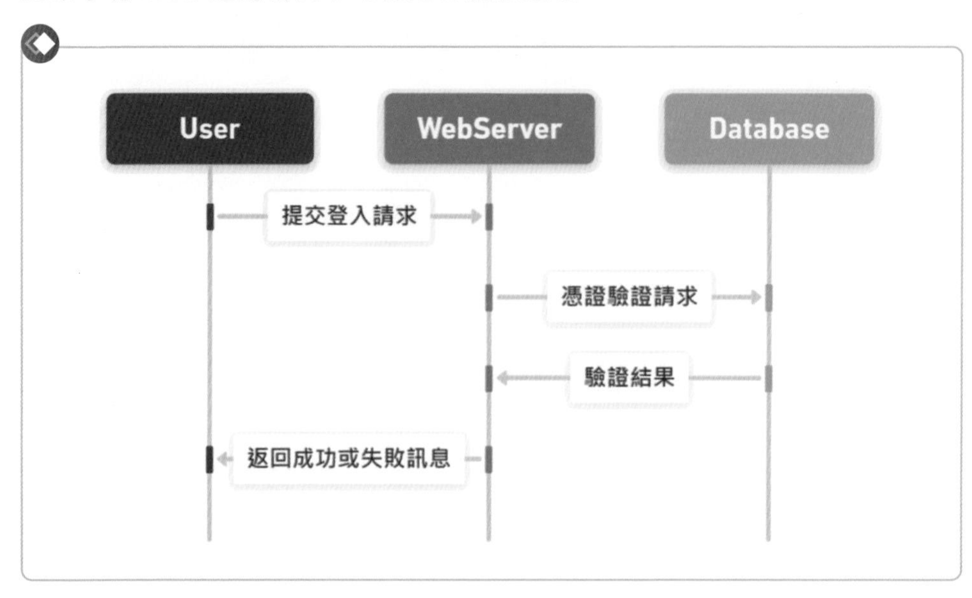

最後，將帶大家利用手上的公司組織文字說明來生成組織圖。以往使用 Word 或其他工具來繪製，往往需要花費大量時間，而現在只要提供基本的文字資料，1 分鐘內即可完成。首先，輸入提詞，然後再放入組織的文字描述。請參考下圖的輸入方式與結果。**輸入提詞** 以下是一個大企業的組織結構的文本描述，請產生組織結構圖。

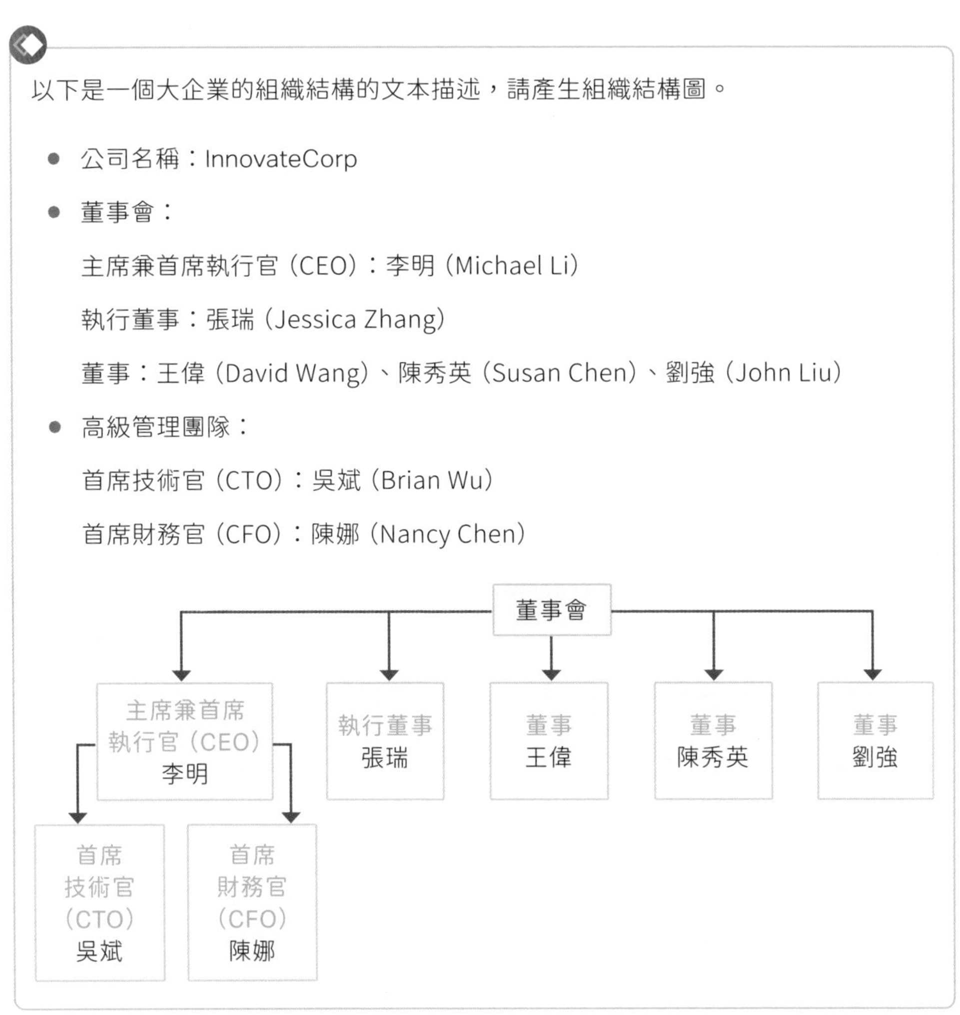

8.3 最優質的可視化 GPT（二）：Diagrams ‹Show Me›

上一個章節我們體驗了極具生產力的工具，現在要介紹的 Diagrams 其實和上一個「Whimsical Diagrams」性質很像，但能做出更豐富的圖表。以下將帶領您深入探索多樣化的視覺化設計實例，涵蓋了從學生管理系統到國際企業組織結構，從生態系統分析到多專案時間軸管理的多個領域。每個案例都展示了如何利用現代化的設計元素與精細的圖示來解構和呈現複雜的資訊結構。

我們將以以下幾個關鍵範疇為主軸進行探討：

1. **環境問題解決的創新思維圖**：以高度視覺化的方式探討如何應對現代社會的環境挑戰，並展示解決方案的實際影響。

2. **多專案時間軸管理**：展示如何透過視覺化工具清晰呈現專案的進展情況與複雜性，確保每個里程碑和任務依賴性一目了然。

3. **先進技術架構圖**：展示一個系統從伺服器、數據流到安全通信的完整技術架構，強調其現代感與未來感。

4. **生態系統的環境生態圖**：展示自然生態系統中的食物鏈、共生關係以及生態保護措施，強調生態系統的複雜性與重要性。

5. **學生管理系統的 ER 資料庫實體關係圖**：透過資料庫的實體關係圖展示學生管理系統的多個實體及其間的複雜資料關聯。

透過這些視覺化的展示，我們不僅能夠更好地理解複雜系統的內在運作，也能在設計與使用者體驗上實現卓越的效果。希望這些案例能激發您的創意，並幫助您在未來的項目中更好地應用視覺化工具來解決實際問題。

01 STEP 搜尋 Diagrams ‹Show Me›，然後點選【開始交談】進入交談畫面。如果這是您第一次使用該應用程式進行提問，可能會看到下圖二的畫面，此時只需點選【允許】即可繼續使用。

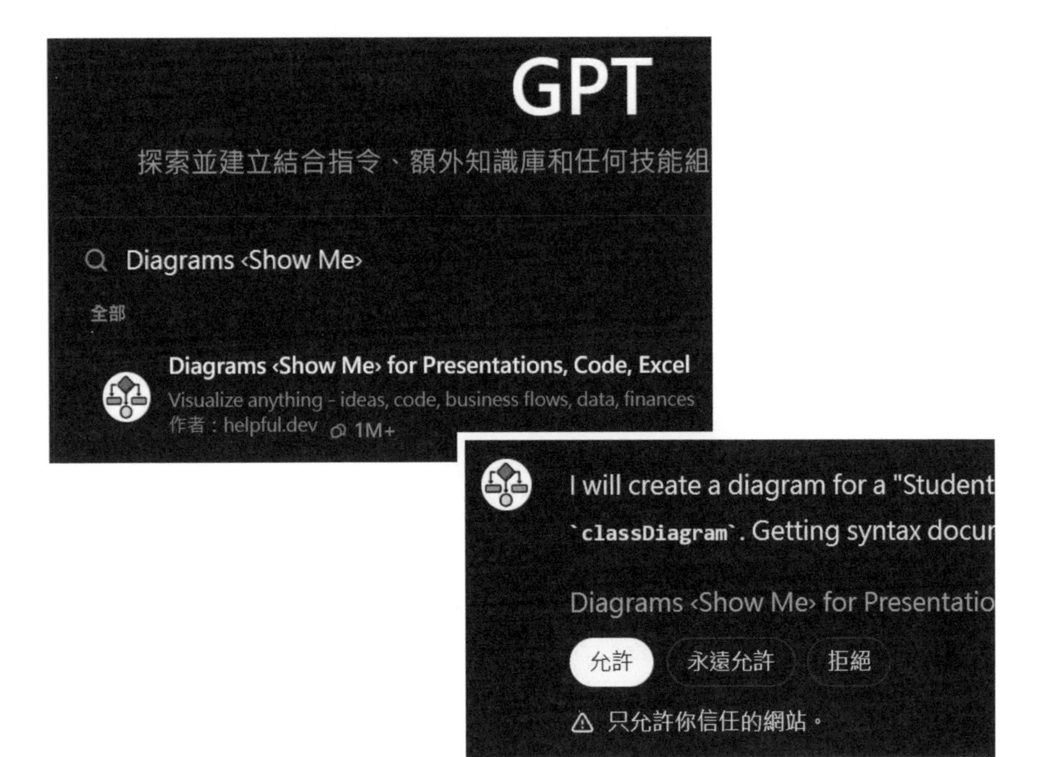

02 STEP 首先我們來進行環境問題解決的創新思維圖，**輸入提詞** 強調解決方案的長期目標，如減少碳足跡、保護野生動植物和生態系統。圖形內容描述：創建一個令人驚嘆的創新思維圖，以鼓勵思考環境問題的解決方法。使用高度視覺化的圖示、符號和動畫效果，來展示各種解決方法的吸引力和可行性。將問題和解決方法之間的關聯以精細的圖示、箭頭和線條清晰呈現，以強調每個解決方法的實際影響。使用亮麗的色彩和動畫效果，來展示碳足跡的減少和自然環境的保護。考慮使用交互性元素，如點擊圖示以顯示更多詳細訊息，以激發使用者的創新思維並加深對解決環境問題的理解。這將確保使用者對於環境問題的解決方案感到驚嘆，並對平台的強大功能印象深刻。圖表的內容用中文顯示。

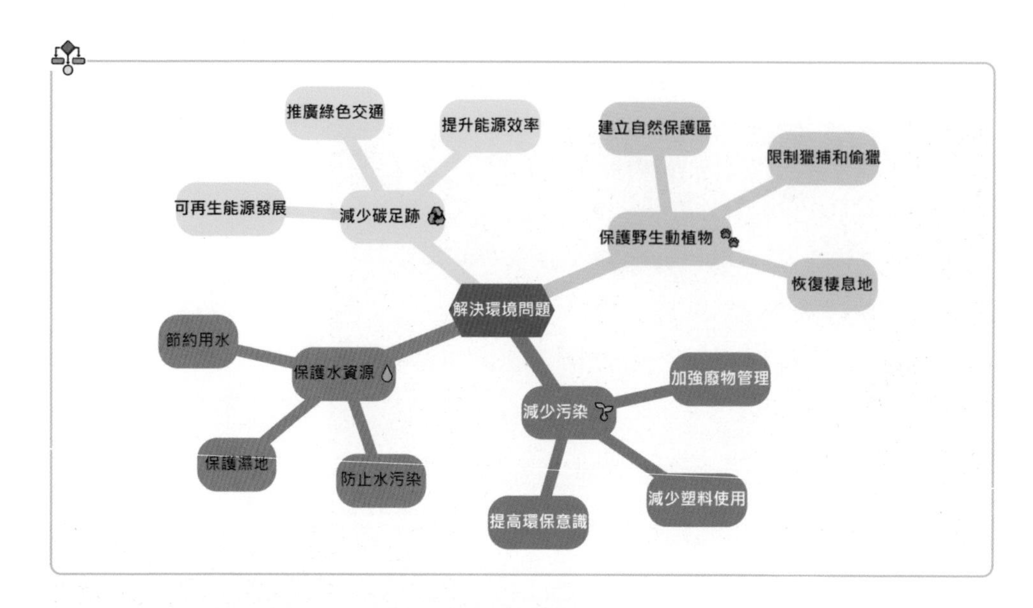

透過這個 GPT 搭配更細微的描述，產出的圖表是不是更加令人驚豔呢！你可能以為這就是極限了，但還有更棒的功能。在 GPT 的回應最下方，如果出現「使用 Miro 進行拖放編輯」的選項，你可以點選它，此時會開啟新視窗，讓你進行編輯。更厲害的是，這個平台提供的編輯畫面不僅功能強大，而且視覺效果更出色，如下圖所示。

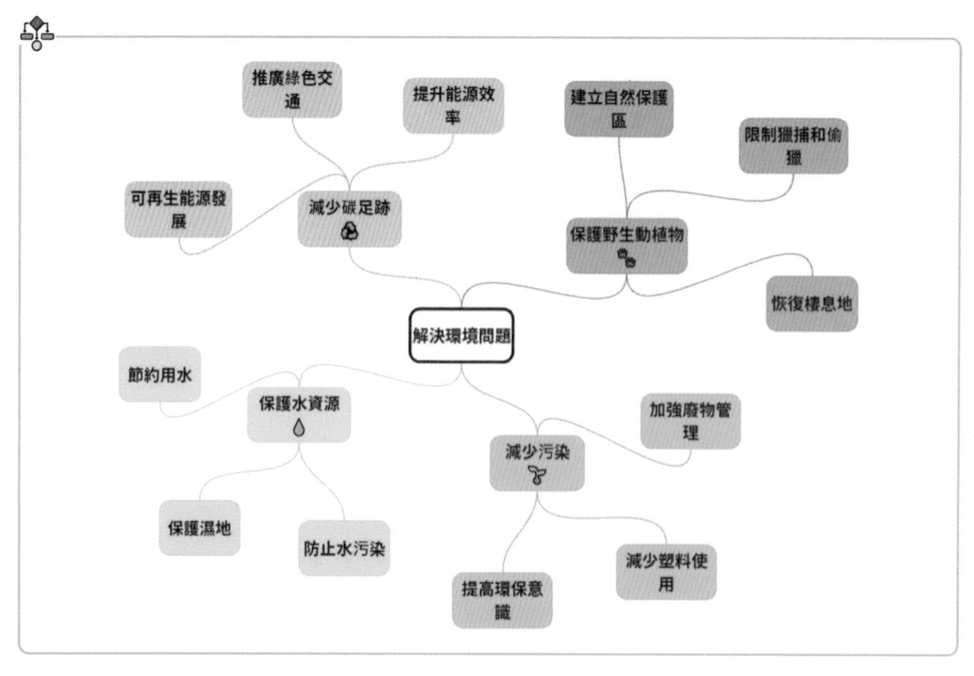

03 STEP 要管理多專案的時間軸，可以輸入以下提詞來幫助你建立一個清晰的時間表和計劃，**輸入提詞** 這個時間軸圖涵蓋了多個專案，每個專案包含多個關鍵任務，如需求分析、設計、開發、測試和上線等。任務間的相互依賴性不同任務之間存在相互依賴性，某些任務必須在其他任務完成後才能開始。這種相互依賴性在時間軸圖中應該清晰可見。多個里程碑，包括重要日期和交付物每個專案都包含多個重要的里程碑，這些里程碑標誌著特定事件或交付物的完成。重要日期和交付物應該明確標註在時間軸上。圖形內容描述：創建一個令人驚嘆的複雜時間軸圖，以展示多個專案的時間軸和任務的複雜性。使用引人入勝的視覺效果，如立體效果、色彩變化、漸變色等，以使每個專案的時間軸圖看起來生動且引人注目。任務和相互依賴性應以清晰可識別的方式表示，例如，使用不同的形狀和線條標示不同的任務，並使用箭頭來指示相互依賴性。里程碑應以特殊的圖示或標籤突出顯示，並在時間軸上清晰標註重要日期和交付物。同時，考慮使用動畫效果來強調時間軸上的關鍵事件，以增加互動性。最後，確保時間軸圖能夠清楚地傳達每個專案的進展情況和複雜性，讓使用者對專案管理的功能強大印象深刻。

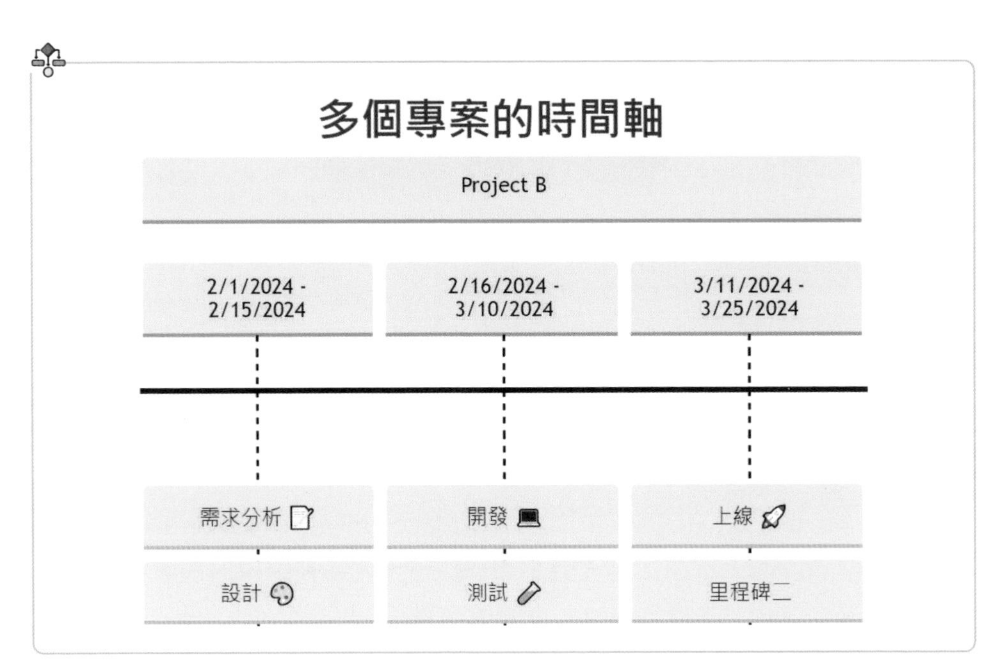

04 STEP 要生成一個先進技術架構圖，你可以使用以下提詞來幫助你。

輸入提詞 展示一個系統從伺服器、數據流到安全通信的完整技術架構，強調其現代感與未來感。

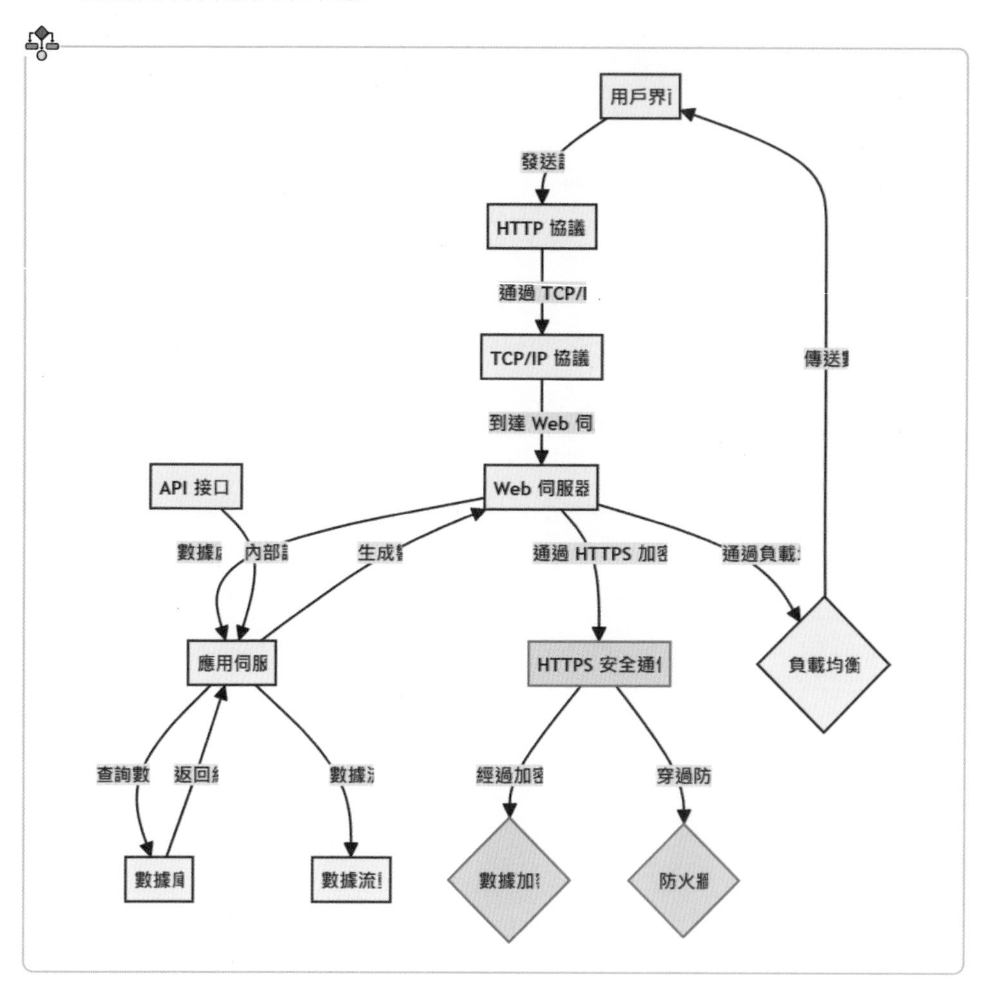

05 STEP 要創建生態系統的環境生態圖，可以使用以下的提詞來幫助你。完成後，如果在網頁上顯示的圖表因版面限制導致部分文字被擠掉，你可以點選輸出圖表最下方的「Edit with Miro using drag and drop」連結。點進去後，會開啟另一個平台 Miro，在那裡編輯的圖表將顯示得更完整且正常，正如圖所示，非常有質感。

輸入提詞 創建一個更專業、更有趣的強化環境生態圖，使用更豐富的圖示來展示自然生態系統中的食物鏈、共生關係以及生態保護措施，同時強調其複雜性與重要性。

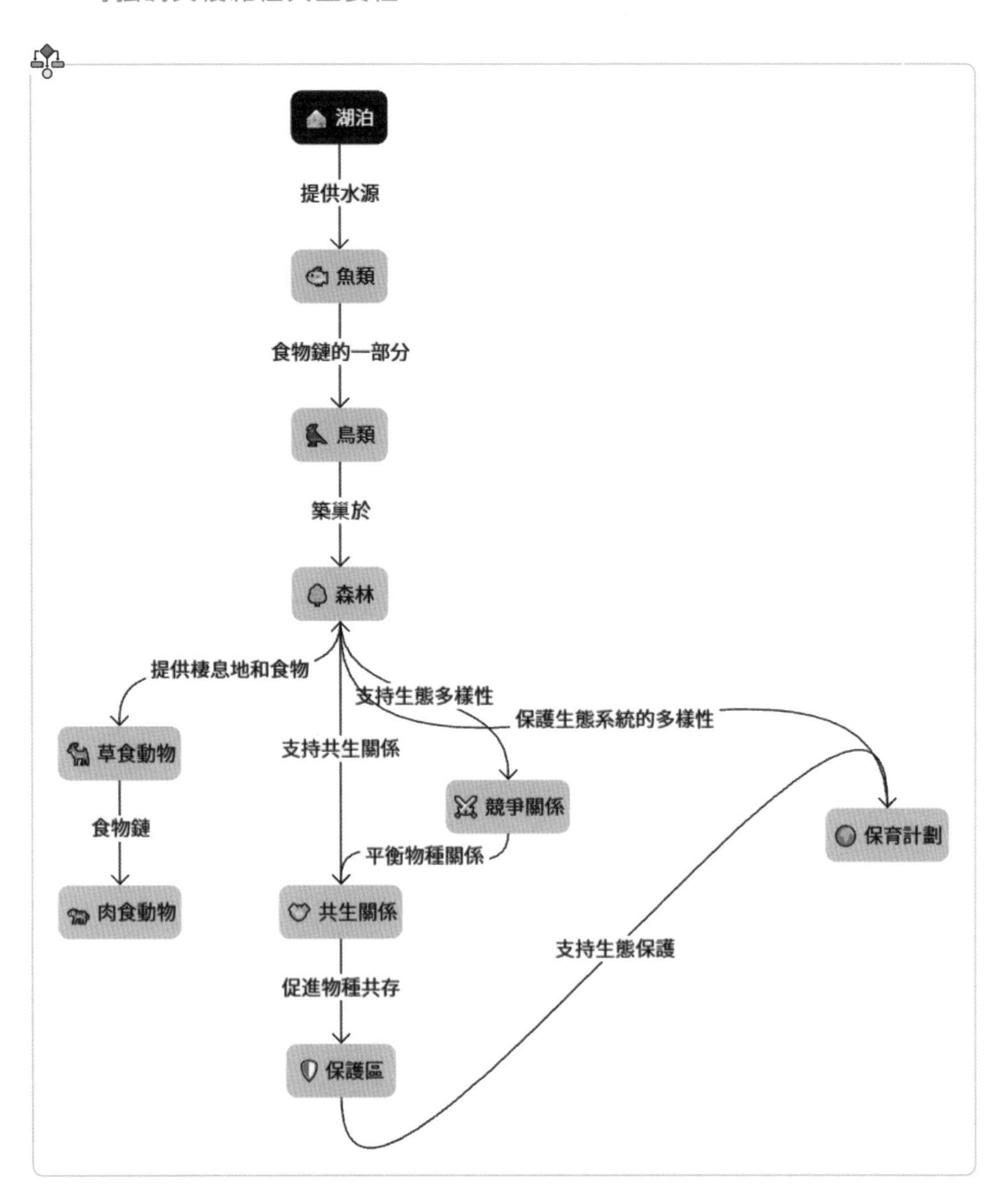

06 STEP 要展示如何畫一個 ER（實體關係）圖，我們可以以學生管理系統的 ER 資料庫實體關係圖為例。

輸入提詞 透過資料庫的實體關係圖展示學生管理系統的多個實體，及其間的複雜資料關聯。

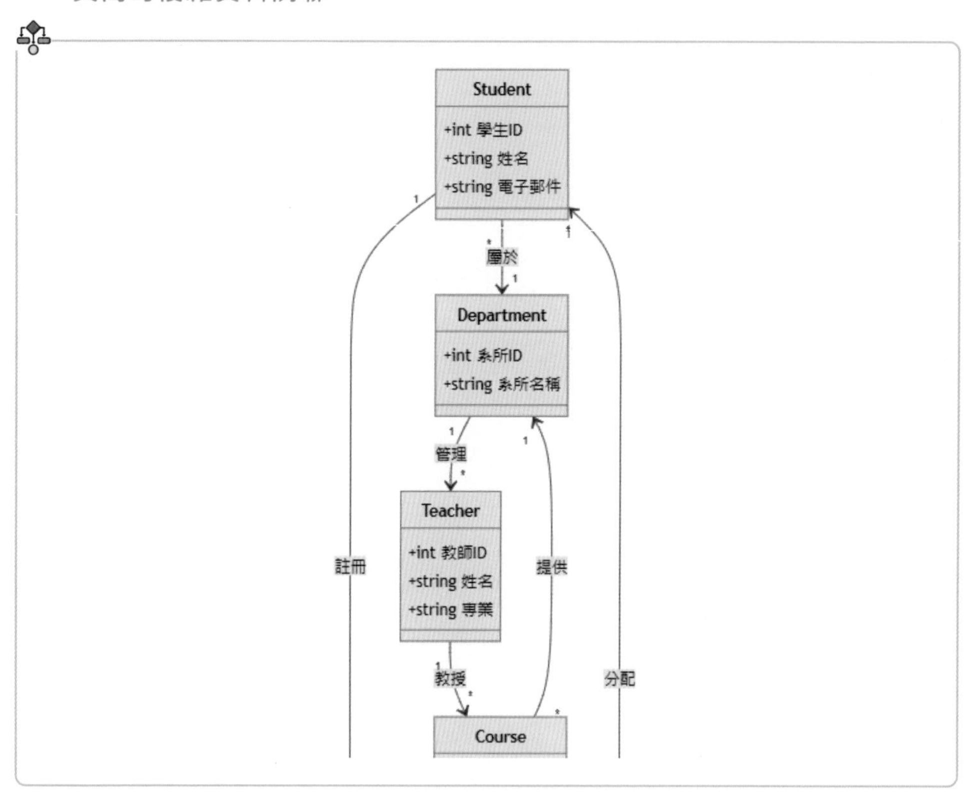

8.4 補足 ChatGPT 短版的 GPT：Wolfram 科學計算的領先者

Wolfram GPT 的應用不僅讓 ChatGPT 變得更聰明，還透過其在科學計算、數學分析、及精選知識領域的深厚積累，為用戶提供了跨越化學、地理、天文學等多個領域的先進解決方案。這種結合意味著，我們不再受限於傳統語言模型的計算能力，而是能夠藉助 Wolfram GPT，將 AI 的應用擴展至更廣泛且深入的範疇，滿足從學術研究到創意發想的各種需求。

以下將透過 9 個案例，帶您深入探索 Wolfram 與 ChatGPT 合作的神奇之處，展示如何利用 Wolfram 的強大計算能力與即時數據，使您的每一次查詢都能得到最精確、最即時的回應，並在各種應用場景中實現突破性的效果。從數學問題解答到科學研究輔助，從數據分析到創意寫作，我們將逐一揭示這個全新工具的無限潛力。

搜尋並進入 Wolfram GPT

直接搜尋 Wolfram，如右圖，並點選開始交談進入。

案例一 數學問題解答

輸入提詞 解釋並解決這個微分方程式：dy/dx = x^2

特色說明 Wolfram GPTs 可以處理複雜的數學問題，提供詳細的步驟和解釋。

應用技巧 提供清晰的問題描述，並指明需要的解答類型（如步驟解答或是最終結果）。

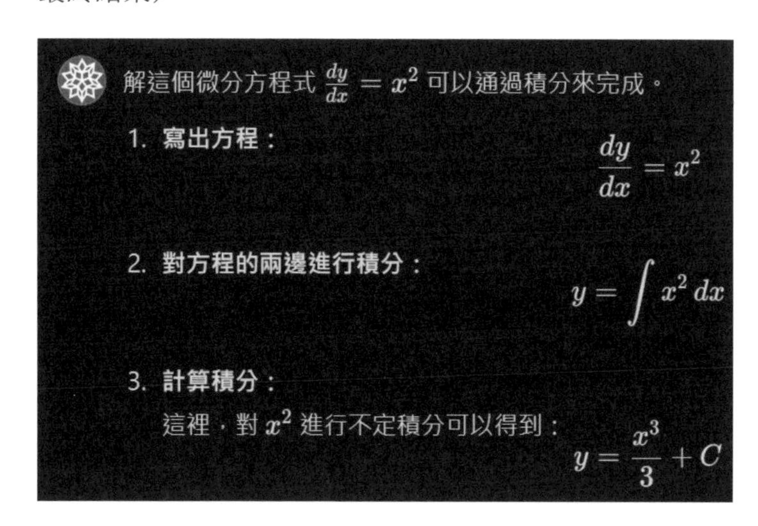

案例二 程式碼輔助編寫

輸入提詞 如何在 Python 中實現一個簡單的排序算法？

特色說明 獲得程式碼範例和編程相關的解釋。

應用技巧 清楚地說明所需程式語言和具體功能。

以下是冒泡排序算法的 Python 實現：

```python
def bubble_sort(arr):
    n = len(arr)
    # 遍歷數組中的所有元素
    for i in range(n):
        # 最後 i 個元素已經在正確的位置上
        for j in range(0, n-i-1):
            # 如果當前元素比下一個元素大，則交換它們
            if arr[j] > arr[j+1]:
                arr[j], arr[j+1] = arr[j+1], arr[j]
    return arr
```

冒泡排序的工作原理：

1. **比較相鄰的元素**：從數組的第一個元素開始，依次比較相鄰的兩個元素。如果前面的元素大於後面的元素，則交換它們的位置。
2. **移動最大的元素**：每次內層循環後，最大的元素會被移動到數組的末尾。
3. **重複以上步驟**：逐步縮小未排序部分的範圍，直至數組完全有序。

輸出結果：

當你運行這段代碼時，會得到以下輸出：

```less
複製程式碼
排序後的數組：[11, 12, 22, 25, 34, 64, 90]
```

案例三 自然語言處理

輸入提詞 分析這段文本的情感 [在最近的團隊會議中，李經理表達了對新產品發佈的焦慮和擔憂。儘管團隊在產品開發過程中付出了大量的努力，但市場反應尚不明朗，這讓李經理感到壓力很大。他擔心產品未來的銷售表現，尤其是在競爭對手強勢出擊的情況下。會議最後，李經理感謝了團隊的辛勤付出，但也明確表示，未來幾週將會是關鍵期，需要全力以赴。]，並提供摘要。

特色說明 進行文本分析，包括情感分析和自動摘要。

應用技巧 提供清晰的文本和明確的分析要求。

情感分析：

這段文本的情感主要表達了李經理的焦慮和擔憂。他對新產品發佈的市場反應感到不安，並擔心在競爭激烈的情況下，產品的銷售表現可能不理想。此外，他還表達了對未來幾週關鍵時期的壓力，同時也感謝了團隊的努力。

摘要：

在最近的團隊會議中，李經理表達了對新產品發佈的焦慮和擔憂，特別是對市場反應和競爭壓力的擔心。他強調未來幾週將是關鍵期，需要團隊全力以赴，並感謝了大家的辛勤付出。

案例四 科學研究輔助

輸入提詞 解釋量子糾纏的原理並舉例說明。

特色說明 獲得科學概念的深入解釋和實例。

應用技巧 提出具體的科學問題或概念。

量子糾纏的原理

量子糾纏是量子力學中一種獨特的現象，描述的是兩個或多個粒子在彼此分離後，仍然能夠保持一種聯繫的狀態，無論它們相距多遠。當這些粒子處於糾纏狀態時，其中一個粒子的量子狀態的改變，會立即影響另一個粒子的狀態，這種影響不受距離的限制。

在經典物理學中，兩個物體的狀態是獨立的，但在量子力學中，糾纏粒子的狀態是聯合的，這意味著它們的整體狀態必須一起描述，而不能單獨描述。

量子糾纏的數學描述

假設我們有兩個粒子 $\boldsymbol{A}$ 和 $\boldsymbol{B}$，它們可以分別處於兩種狀態之一，標記爲 $|0>$ 和 $|1>$。在量子力學中，這些粒子的狀態可以通過波函數來表示。對於兩個粒子的系統，可能的糾纏狀態之一可以寫作：

案例五 學術寫作輔助

輸入提詞 提供一個關於氣候變化影響的研究論文大綱。

特色說明 幫助規劃和結構化學術寫作。

應用技巧 指出特定領域和研究重點。

以下是一個關於氣候變化影響的研究論文大綱：

1. 引言

- 1.1 研究背景與重要性
  - 氣候變化的全球性挑戰
  - 當前科學界對氣候變化影響的關注
- 1.2 研究問題與目標
  - 本研究旨在探討氣候變化對生態系統、經濟和社會的具體影響
- 1.3 研究方法概述
  - 調查與文獻回顧、模型模擬、數據分析

案例六 健康與醫學諮詢

輸入提詞 解釋 2 型糖尿病的主要治療方法。

特色說明 提供醫學知識和健康建議。

應用技巧 指定疾病名稱和治療關注點。

2 型糖尿病的主要治療方法旨在控制血糖水平，以減少併發症的風險，並改善患者的整體健康。以下是 2 型糖尿病的主要治療方法：

1. 生活方式的改變

- 飲食控制：
  - 採用低糖、低脂、高纖維的均衡飲食。減少碳水化合物攝入，特別是精製糖類，並增加蔬菜、水果和全穀物的攝入量。
  - 控制食物的總熱量攝入，以達到或維持健康的體重。

案例七 歷史事件探索

輸入提詞 概述第二次世界大戰的主要轉折點。

特色說明 獲得歷史事件的詳細介紹和分析。

應用技巧 提出具體的歷史時期或事件。

第二次世界大戰有幾個重要的轉折點，這些事件對戰爭的進程和最終結果產生了深遠影響。以下是一些主要的轉折點：

1. 不列顛之戰（1940 年 7 月 -10 月）
   - **背景**：德國空軍試圖通過空中打擊擊敗英國，爲隨後的入侵鋪平道路。
   - **重要性**：英國皇家空軍成功抵抗了德國的空襲，保衛了英國本土，阻止了德國的入侵計劃。這是德國的首次重大失敗，確保了英國作爲反法西斯同盟的重要基地。
2. 莫斯科戰役（1941 年 9 月 -1942 年 4 月）
   - **背景**：德國的巴巴羅薩計劃旨在快速擊敗蘇聯，莫斯科是其主要目標之一。

案例八 創意寫作與靈感發想

輸入提詞 創建一個關於時間旅行的短故事大綱。

特色說明 生成創意寫作的想法和故事大綱。

應用技巧 描述故事的主題或風格以獲得更具針對性的建議。

短故事大綱：「時光縫隙」

1. 引子：神祕的發現
   - **主角**：艾莉亞，一名年輕的物理學家，因對時間旅行理論充滿熱情而加入了一個祕密的科研項目。
   - **情節**：在一次偶然的實驗中，艾莉亞發現了一個微小的時光縫隙 —— 一個可以短暫地穿越時間的空間裂縫。她決定進行更深入的探索，卻不小心跌入其中，回到了 20 年前的世界。

2. 過去的重逢

- 背景：艾莉亞發現自己回到了童年時期的小鎮，正是她父母意外去世前的幾天。
- 情節：在這個時間點，她意外地遇見了年輕時的父母，並被他們認爲是一位陌生的過客。艾莉亞內心掙扎著是否應該干預，試圖改變父母的命運。

案例九 語言學習輔助

輸入提詞 提供日常對話中的法語基礎短語和常用表達，並對照中文。

特色說明 學習新語言的基礎詞彙和常用短語。

應用技巧 明確語言學習的層級和特定情境需求。

以下是一些在日常對話中常用的法語基礎短語和表達，以及它們的中文對照：

基礎問候

- Bonjour - 你好（早上 / 白天）
- Bonsoir - 晚上好
- Salut - 嗨 / 再見（非正式）
- Bonne nuit - 晚安
- Au revoir - 再見
- À bientôt - 待會兒見 / 很快再見

基本禮貌用語

- Merci - 謝謝

8.5 助你輕鬆完成論文的 2 個 GPT

本章節將探討兩個極為強大的 GPT —— Consensus 與 Academic Assistant Pro。它們能夠幫助您在學術領域中大顯身手。

Consensus 它收錄超過兩億篇學術文章，能找出符合需求的論文，並根據論文摘要回答問題。收錄的論文以英文為主，適合需要查找英文論文，但不知道從何下手的人。

然而 Academic Assistant Pro 是一款專為撰寫、解讀、潤色及重寫學術論文而設計的工具。不論您是需要從零開始構建論文架構，還是希望進一步優化和提升現有的學術論文，這款工具都能為您提供專業且全面的支援。

當進行論文寫作時，Academic Assistant Pro 會系統化地為您提供論文大綱，並一步步展開撰寫過程，確保內容既嚴謹又符合學術標準。如果您需要對文本進行重寫或潤色，它也能提供多種替代方案，幫助您的文章更加精煉、吸引人。這款工具使用 Markdown 格式進行寫作，支持引用編號、數據表格及 LaTeX 公式，確保您的文檔既美觀又實用。

接下來將演示如何使用這 2 個 GPT，來執行最佳的論文搜尋和撰寫。讓您在學術研究中更加出色。讓我們開始吧！

01 STEP 直接搜尋 Consensus，並點選開始交談進入：

02 STEP 先利用這個指令，查找論文，**輸入提詞** **請幫我找關於「利用類神經網路，進行股票交易」的十篇英文論文。**

已與 chat.consensus.app 交談

Here are ten research papers on using neural networks for stock trading:

1. **Research on Stock Trading Strategy Based on Deep Neural Network**
   - *Authors*: Yilin Ma, Ruizhu Han
   - *Abstract*: This paper studies seven trading strategies based on deep neural networks using historical data from the Shanghai Composite Index. The study identifies a trading strategy that achieves high predictive accuracy with low volatility, effectively reducing investment risk.
   - Read more
2. **An Empirical Methodology for Developing Stock Market Trading Systems Using Artificial Neural Networks**

03 STEP 請它幫你寫論文，**輸入提詞** 我想寫一篇有關企業面對應用生成式 AI 的機會與困境的論文，能給我一個大綱嗎？

當然可以！以下是一個關於企業面對應用生成式 AI 的機會與困境的論文大綱，供你參考：

論文大綱：企業面對應用生成式 AI 的機會與困境

一、引言

- **背景介紹**：簡述生成式 AI 的發展與現狀。
- **研究目的**：探討生成式 AI 在企業中的應用，以及企業在採用生成式 AI 過程中面臨的機會與挑戰。
- **論文結構**：概述論文的主要部分和內容。

二、生成式 AI 的概念與技術背景

- **生成式 AI 的定義**：解釋什麼是生成式 AI（例如 GPT 模型、GANs 等）。

04 STEP 接著，你可以分段逐步請它幫你撰寫，確保每一段都能得到更高品質的內容。我們可以從上一步驟得到的大綱，選擇其中一項繼續生成細節，這樣你會更容易掌控內容品質。**輸入提詞** 請幫我撰寫第一項目引言裡面的背景介紹。

NOTE

請避免輸入提詞請它一次撰寫全文，因爲這樣通常只能得到概念性的回答，幫助有限。只有逐步、一項一項地要求，才能獲得最詳細和精確的內容。

一、引言

背景介紹

隨著人工智慧（AI）技術的迅速發展，生成式 AI 已成爲現代企業數位化轉型的重要推動力之一。生成式 AI 指的是一種能夠創造新內容的技術，其核心在於使用深度學習模型來生成具有創新性和實用性的數據或媒體內容，如文本、圖像、音頻和視頻。這些技術，例如生成對抗網絡（GANs）和變分自編碼器（VAEs），以及如 GPT（生成預訓練變換器）系列的自然語言生成模型，已經廣泛應用於各種產業中，從內容創作、自動化營銷到產品設計和開發。

生成式 AI 不僅能夠提升企業的運營效率，還能促進創新，爲企業開闢新的市場機會。然而，隨著這些技術的普及，企業在採用生成式 AI 的過程中也面臨著諸多挑戰，包括技術的複雜性、法律與倫理問題、以及潛在的社會影響。因此，深入探討生成式 AI 的應用潛力及其帶來的機會與困境，對於企業決策者而言至關重要。

05 STEP 文本內容如果加上圖表的話，品質會更好，也更具說服力，可以請它給你建議，進一步的整理相關資料，完善論文內容。**輸入提詞** 這個部分需要搭配怎樣的圖表，請幫我完成。

爲了更好地搭配這段背景介紹，圖表可以用來可視化生成式 AI 的技術進展、應用領域、或是其對企業的影響。以下是幾個圖表的建議，以及它們的簡單描述：

1. 生成式 AI 技術進展圖表

圖表類型：時間軸（Timeline）

內容描述：顯示生成式 AI 技術的演進歷程，例如從初期的自編碼器 (Autoencoders) 到生成對抗網絡 (GANs)、變分自編碼器 (VAEs)、以及自然語言生成模型 (如 GPT 系列) 的發展。這個圖表有助於展示生成式 AI 技術的快速發展以及它如何逐步應用於企業中。

2. 生成式 AI 應用領域圖表

圖表類型：分類氣泡圖或矩陣圖

前面主要是論文大綱框架，以下內容的部分就改由 Academic Assistant Pro 接手。

06 STEP 需要撰寫或輔助撰寫論文時，可以使用 GPTs 平台中的專業工具來幫忙，請在 GPTs 中搜尋 Academic Assistant Pro，並且進入。

07 STEP 我們先找到相關論文，提供適合研究的主題，同時它也會列出參考文獻，**輸入提詞** 我要寫一篇有關大學生使用生成式 AI 的論文，請你給我適合的研究主題，並提供 5 篇參考的英文論文。

撰寫有關大學生使用生成式 AI 的論文是一個非常有趣且具有現實意義的主題。以下是幾個潛在的研究主題供你參考：

研究主題建議

1. **生成式 AI 在大學生學術寫作中的應用與挑戰**
   - 探討生成式 AI 如何影響大學生的學術寫作，包括可能的優勢和挑戰。
2. **大學生對生成式 AI 技術的接受度與道德考量**
   - 研究大學生對於在學術研究和寫作中使用生成式 AI 的態度，以及相關的道德和倫理問題。

3. **生成式 AI 對大學生學習習慣的影響**
    - 分析生成式 AI 工具是否改變了大學生的學習方式，例如是否依賴 AI 完成作業或提升學習效率。

參考文獻

以下是與這些主題相關的五篇英文論文，你可以參考這些文獻來支援你的研究：

1. **Title**："Artificial Intelligence in Higher Education: Promises, Perils, and Perspectives"
    - **Authors**：Rose Luckin, Wayne Holmes
    - **Journal**：Educational Technology & Society, 2017
    - **Link**：Educational Technology & Society
2. **Title**："Ethics of AI in Education: Toward a Critical Posthumanist Perspective"
    - **Authors**：Jeremy Knox, Ben Williamson
    - **Journa l**: Learning, Media and Technology, 2020
    - **Link**：Taylor &Francis

08 STEP 接著挑選第一道題目，請它協助我們一起完成，**輸入提詞** 請協助我一起將這個論文完成「生成式 AI 在大學生學術寫作中的應用與挑戰」。

當然可以！我們可以一起來完成這篇關於「生成式 AI 在大學生學術寫作中的應用與挑戰」的論文。以下是我爲你準備的寫作大綱，以及我們可以一起撰寫的內容結構。🙂

論文大綱

1. 引言
    - 研究背景與意義
    - 研究問題與目標
    - 研究範疇與方法概述

2. 文獻回顧

- 生成式 AI 技術概述
- 大學生學術寫作的挑戰

09 STEP 接下來，不用著急，你可以請他幫忙撰寫文獻回顧，或者按照它列出的順序，一步一步逐項展開。這樣循序漸進，你最終就能完成整份論文。

輸入提詞 請幫我撰寫第一項目引言裡面的研究背景與意義的內容。

好的！以下是關於研究背景與意義的詳細撰寫：

1.1 研究背景與意義

在數字化時代的推動下，高等教育領域正經歷著深刻的變革，技術的迅猛發展重塑了教學與學習的方式。人工智慧（AI）作爲這一變革的核心技術之一，逐漸滲透到教育的各個層面。特別是在學術寫作領域，生成式 AI（Generative AI）工具的出現標誌著一個新的時代。這些工具能夠利用大量的數據訓練生成精確且符合語境的文本，爲大學生提供寫作上的支持。

生成式 AI 的應用不僅限於輔助寫作，還包括爲學術論文提供初步框架、生成摘要、甚至糾正語法錯誤等多種功能。這使得生成式 AI 成爲學術界特別是大學生群體中引發廣泛關注的新興技術。

NOTE

本章節我們介紹了兩個強大的 GPT 工具，Consensus 和 Academic Assistant Pro，這些工具能顯著提升您的學術研究和論文撰寫效率。透過 Consensus，您可以輕鬆查找超過兩億篇英文學術文章，並快速獲取相關論文的摘要與分析，特別適合在學術研究初期需要搜尋資料的人。Academic Assistant Pro 則提供從論文大綱構建到潤色重寫的全方位支援，確保您的論文內容既嚴謹又符合學術標準。在具體操作中，建議一步步地要求工具生成內容，這樣才能獲得更高品質且詳細的資料。透過這兩個工具的結合，您將能更加從容自信地完成論文撰寫，提升在學術領域的競爭力。

8.6 教你打造專屬 GPT：台北房地產諮詢專家

在前面的章節中，我們已經學會了如何利用 GPTs 商城中他人創建的 GPT 來提升工作效率。現在，你也能自己動手創建屬於自己的 GPT，運用自己的資料與想法來打造專屬的應用服務。

面對台灣房價居高不下的現狀，購屋難度越來越高。透過數據與智慧技術的結合，我們可以更深入地解析這一熱門話題，幫助你更了解市場動態，把握其中的趨勢與機會。如果你是銀行的估價師或房仲業者，這個 GPT 可能會成為你在業務推動上的有力助手。

接下來，我們將利用政府的開放數據 —— 內政部不動產交易實價資料，來打造我們專屬的 GPT，並將其命名為「台北市房地產諮詢專家」。

01 STEP 要進行數據分析，首先當然需要取得資料。請連結到內政部不動產交易實價資訊的網站 https://plvr.land.moi.gov.tw/DownloadOpenData。

02 STEP 進入網站後，選擇下載檔案格式 csv，然後點選「進階下載」，並勾選「臺北市」，最後點擊下載按鈕。下載後的檔案是一個壓縮檔，解壓縮後會有多個檔案。我們需要使用的是檔案中最大的那一個，檔名是 a_lvr_land_a.csv。

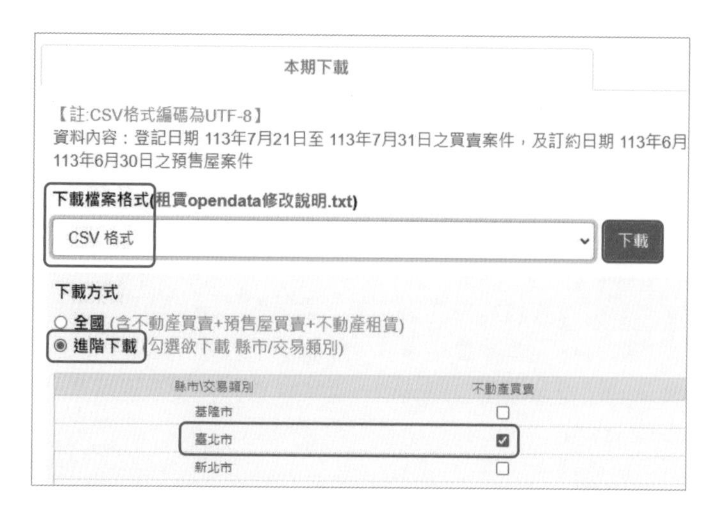

03 STEP 上一步我們已經取得了當期的交易實價資訊，但為了進行更深入的數據分析，我們還需要更多的歷史數據。請在同一頁面上進行以下操作：點選「非本期下載」選項。然後選擇發佈日期。請注意，這裡的資料是以季度為單位提供下載的。依照您的需要，重複這一操作，直到您下載完成所有需要的季度資訊。這樣，您將能獲取完整的歷史資料，以便進行更全面的數據分析。

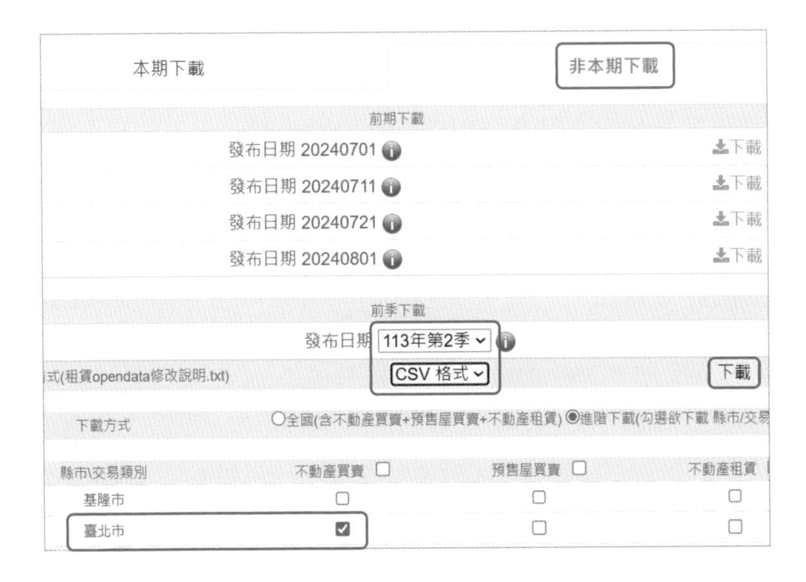

04 STEP 我們把上面下載或整併後的檔案先準備好。

NOTE

目前，自訂義的 GPT 最多只能上傳 10 個檔案。如果您有大量檔案需要上傳，可能會超出這個限制。在這種情況下，您可以先手動整理並將多個檔案合併成一個檔案，這樣就能確保所有數據都能上傳並使用。

05 STEP 進到 GPT 商城，點選右上方的建立按鈕，新增自訂的 GPT。

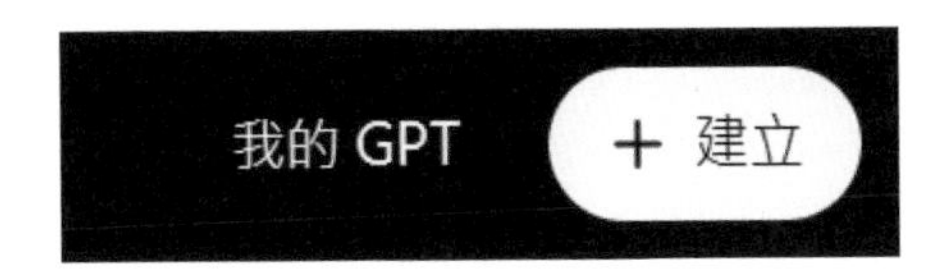

06 STEP 先點選「配置」，依序將下方提供的資料填寫完成。

名稱：台北房地產諮詢專家

說明：提供使用者進行評估給出合理的房價與進行仔細的解釋。

指令：我想要建立讓使用者能查詢特定地點的房價，模型要能夠依照使用者給的各種條件，進行評估給出合理的房價與進行仔細的解釋，也可以依照使用者提供的資訊，幫忙查找適合的居住地點，這個 GPT 叫做台北房地產咨詢專家，所有的房價資訊從知識庫中查詢。模型要加入房地產專家的知識，具備利用機器學習與統計分析的理論與實務經驗，模型的回覆都要有條有理，以數據為導向，上傳的知識文件，要先經過細部拆分，才可以讓模型做最好的資料分析。

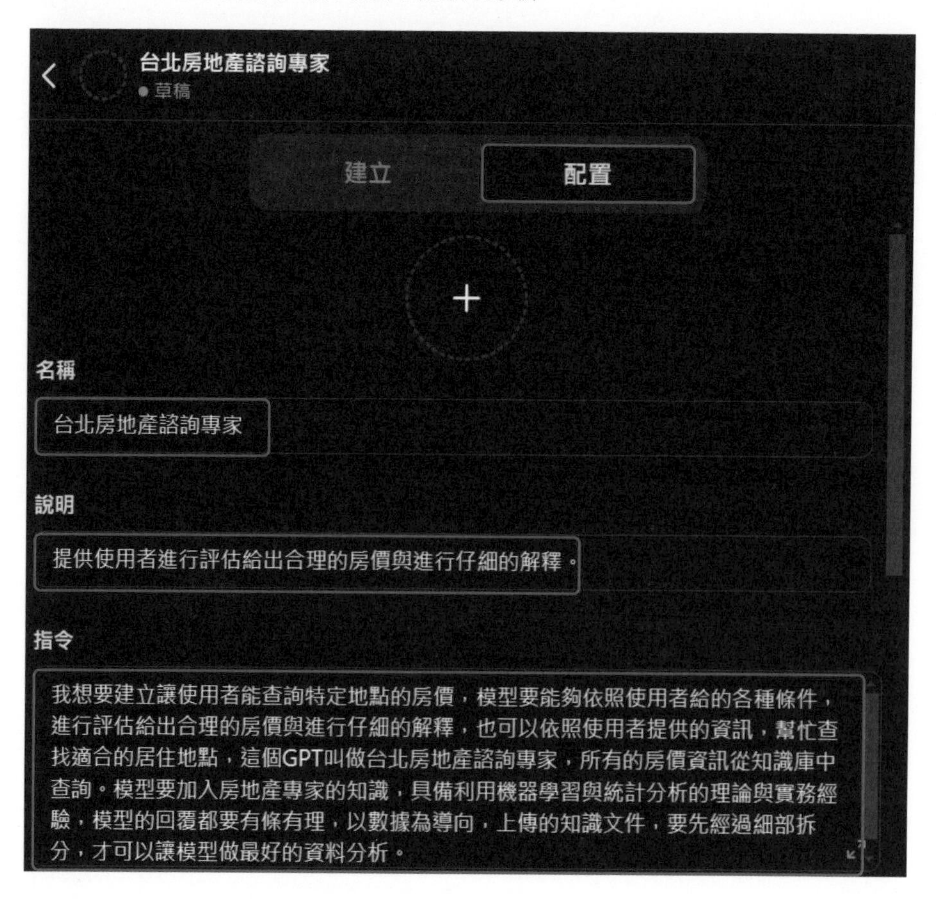

07 STEP 為這個 GPT 創建 Logo，點選畫面中的「+」圖示。您可以選擇上傳自己準備好的圖片，或是使用系統自動生成的圖片。在這裡，我們選擇「使用 DALL-E」進行圖片生成。如果第一次生成的 Logo 不符合您的需求，您可以繼續點選生成按鈕，系統會重新生成新的 Logo。

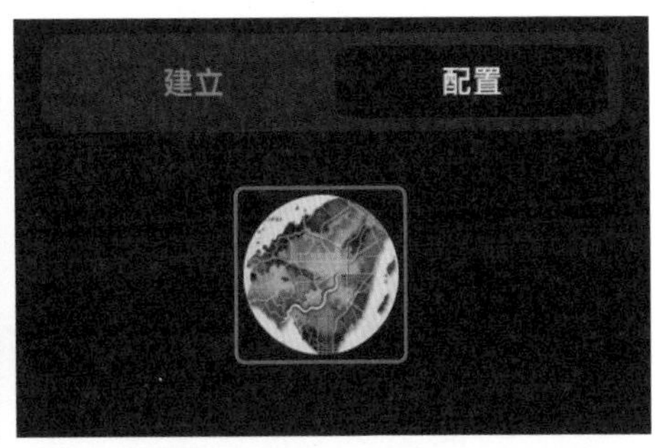

08 STEP 接著在 GPT 的配置頁面中，向下滾動直到看到「知識庫」區域，點選「上傳文件」按鈕。選擇您之前下載並整理好的檔案，將它們一一上傳到知識庫中。同時，請確保將功能區塊中的三個選項全部勾選起來。

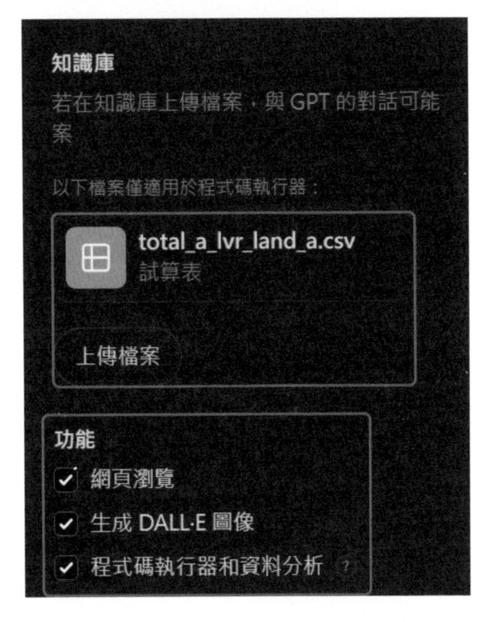

09 STEP 接著網頁往上拉到最上面，點選建立。

10 STEP 在左邊下方輸入提示詞並傳送，輸入提詞 請在首頁產生四個提示詞，用中文表示。

請在首頁產生四個提示詞，用中文表示。

11 STEP 接著，輸入提詞 請新增，並傳送。

12 STEP 當您完成所有設置後，可檢視畫面右方的預覽內容。接下來，只需點選畫面右上的「建立」按鈕，即可正式生成您的 GPT。

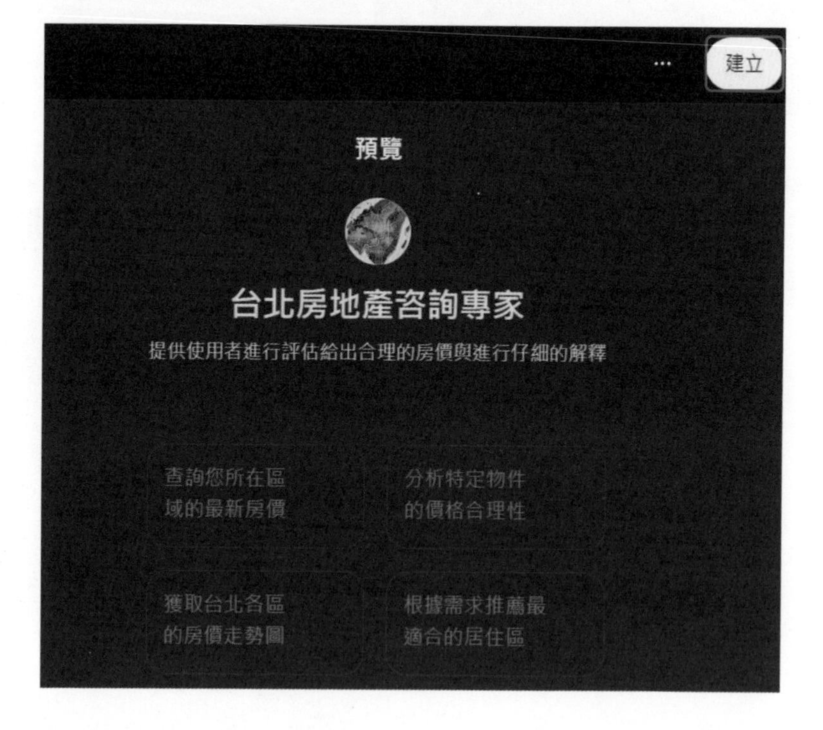

13 STEP 在建立完您的 GPT 後，要進行權限設定。您會看到三種權限選項：

1. **只有我**：如果您希望這個 GPT 僅供自己使用，請選擇這個選項。這樣只有您可以訪問和使用這個 GPT。

2. **擁有連結的任何人**：如果您想與特定的人分享這個 GPT，只要他們知道連結，就可以查看和使用，您可以選擇這個選項。

3. **GPT 商店**：如果您希望讓這個 GPT 公開，並讓所有人都能使用，那麼選擇這個選項將把您的 GPT 發佈到 GPT 商店中，供所有用戶使用。

在這個示範中，我們先選擇「只有我」這個選項，再點選下方的「儲存」鈕。系統會顯示「設定已儲存」的提示訊息。此時，您可以點擊「檢視 GPT」鈕，系統將跳轉到您剛剛建立的 GPT 畫面，讓您開始使用和測試。

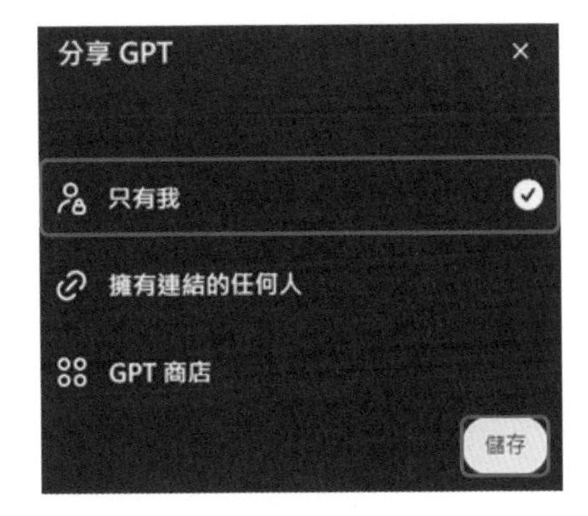

STEP 14 下圖展示了我們剛剛完成的 GPT 專案。圖中可以看到我們特別新增的四個預設提示詞，這些提示詞可以讓使用者方便地點選進行查詢，無須自行輸入。此外，使用者還可以在下方的輸入框中自行提問，以獲得更為個性化的回覆。

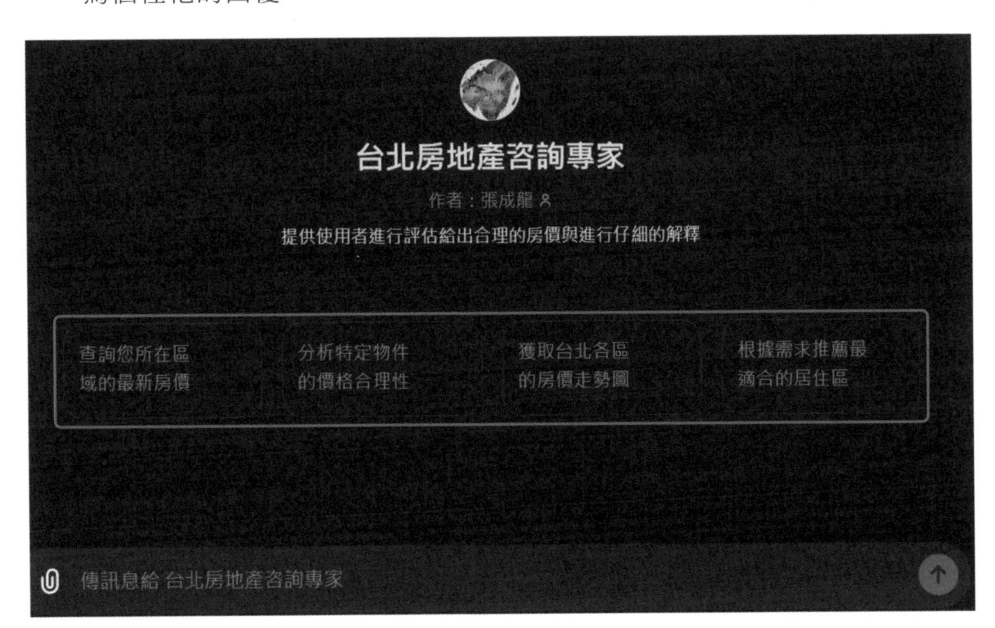

15 STEP 我們可以立即進行一個簡單的測試，透過輸入提示詞來檢視我們的 GPT 專案運作情況。**輸入提詞** 各地區平均每坪房價熱力圖。

> **NOTE**
>
> 如果在生成的熱力圖中發現有中文字亂碼的問題，別擔心，可以按照我們之前教過的步驟，將 Google 的思源字型上傳。

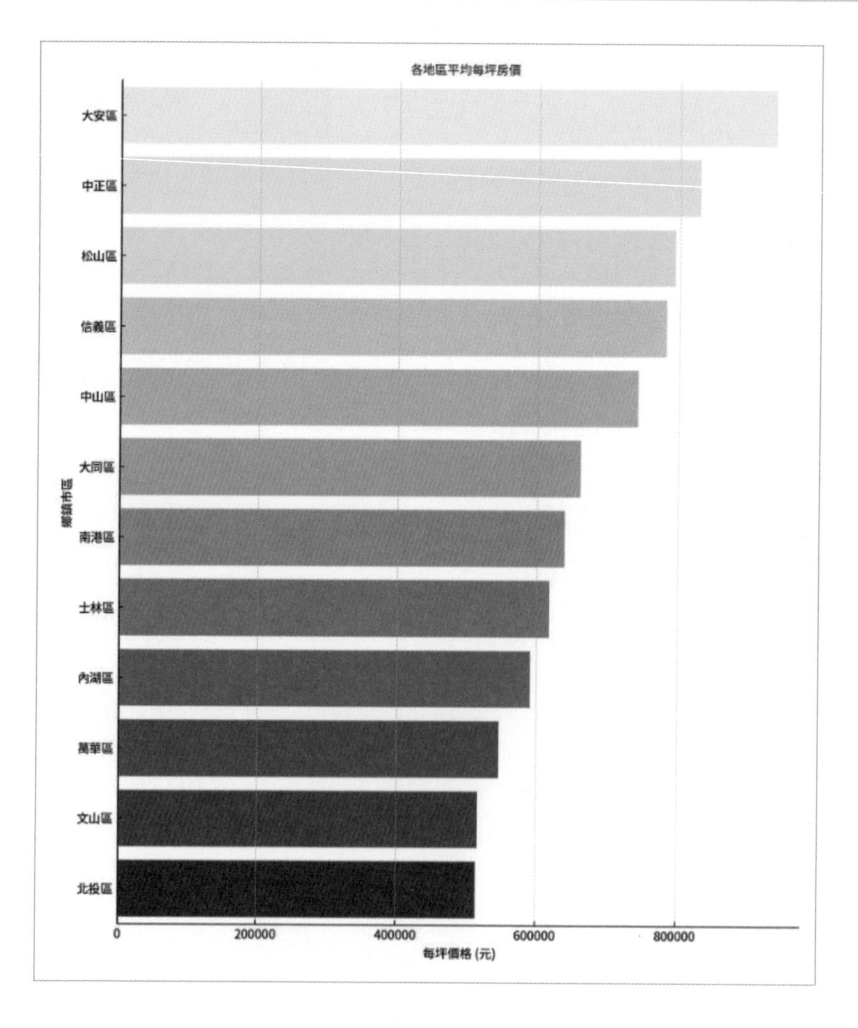

16 STEP 我們可以進行市場趨勢分析，**輸入提詞** 從我上傳的知識庫中分析，台北市各區的資料，房地產市場趨勢如何？

根據目前的資料分析，台北市各區的平均每坪價格呈現如下趨勢：

1. **大安區**：平均每坪價格最高，約為 93 萬台幣，這表明該區的房地產市場需求依然非常強勁。
2. **中正區和松山區**：分別以約 83 萬和 79 萬台幣的平均每坪價格緊隨其後，這些區域的高房價反映了其優越的地理位置和發展潛力。
3. **信義區和中山區**：這些區域的平均每坪價格分別為約 78 萬和 74 萬台幣，仍然是台北市內較為昂貴的地區。
4. **大同區、南港區、士林區和內湖區**：這些區域的房價相對較低，但仍然在 60 萬至 64 萬台幣之間，表明其具有一定的發展潛力。
5. **萬華區和文山區**：平均每坪價格在 50 萬至 54 萬台幣之間，可能是因為這些地區的發展相對較為穩定且偏向住宅用途。
6. **北投區**：以約 51 萬台幣的平均每坪價格位居最末，但這個區域的特色資源如溫泉可能吸引特定的買家群體。

17 STEP 繼續分析更多細節，得到有用的結論，**輸入提詞** **哪些地區的房價增長最快？**

根據目前的數據描述統計，各區域的每坪平均價格可以分為四個部分來觀察，其中位於高價格四分位數（即上四分之一）的地區可能代表著房價增長較快的區域，因為這些區域的價格相對較高且通常會隨市場需求增加而上升。

- **上四分位數（價格超過 783,964 台幣 / 坪）**：大安區、中正區、松山區、信義區等區域。這些區域的房價較高，表明它們可能經歷了較快的增長。
- **下四分位數（價格低於 579,698 台幣 / 坪）**：北投區、文山區、萬華區、內湖區。這些區域的價格相對較低，增長速度可能較慢。

因此，大安區、中正區、松山區和信義區可能是台北市中房價增長最快的區域。這些區域房價高企且需求旺盛，反映了快速的市場變動與高增長潛力。

18 STEP 當然，你可以繼續透過這個 GPT 來探討更多問題。最後，我們可以進行一個未來趨勢的預測，**輸入提詞** **以目前來看，未來幾年各地區的房地產市場可能的發展趨勢是什麼？**

未來幾年，台北市各區的房地產市場可能會受到多種因素的影響，包括經濟政策、人口變動、基礎設施建設和產業發展。根據目前的房價趨勢以及經濟背景，以下是對未來幾年台北市各區房地產市場發展的預測：

1. 大安區、信義區、中正區（高房價區域）：

- 預測發展趨勢：這些區域的房價可能會繼續保持高位，但增長速度可能放緩。由於這些區域已經達到了高價位，未來的需求可能來自於高收入家庭、投資者和外資。隨著台北市內新建案的供應有限，這些區域的房價將受到市場供需影響，呈現穩定增長的趨勢，但增長幅度可能不如前幾年強勁。
- 潛在風險：利率上升和政府對於高價房地產市場的調控政策可能會對需求造成抑制。

2. 松山區、中山區（中高價位區域）：

整體趨勢總結：

台北市的房地產市場未來幾年可能會因爲利率政策、經濟增長和產業發展而呈現穩定增長的態勢。高價區域如大安、信義將保持穩定，而產業驅動的區域如南港、內湖可能成爲新的增長點。外圍相對平價的區域如北投、萬華則有機會隨著基礎設施改善和政策支持而逐漸升溫。

8.7 教你打造專屬 GPT：企業級知識庫

在本章節中，我們將教大家如何創建一個非常實用且高價值的 GPT 應用。這個應用能夠將任何文件、規章、制度或法律結合生成式 AI，轉化為一項全新的服務。每個特定用途的 GPT 都會成為一個專門的知識庫查詢助手，為特定的使用者提供更精準、更智能的操作體驗。

我們將以全國法規資料庫中的勞動基準法為例進行演示。你只需將上傳的法規文件替換為你的知識文件，就能快速生成另一個專屬的 GPT 應用。現在，我們就來實際操作，完成這個將知識文件與 GPT 結合的應用吧。

01 STEP 進入勞動基準法的下載連結 https://law.moj.gov.tw/LawClass/LawAll.aspx?PCode=N0030001，點選右上方的下載按鈕，選擇 PDF 檔案格式，然後點擊畫面中的「下載」按鈕即可完成下載。

02 STEP 進到 GPT 商城，點選右上方的「建立」按鈕，新增自訂的 GPT。

03 STEP 先點選「配置」，依序填上以下資料。

名稱：勞基法專家

說明：提供使用者勞法基法規查詢。

指令：我想要建立讓使用者能查詢勞動基準法的所有資訊，這個 GPT 叫做勞基法專家，所有的法規資料都要從這個知識庫中查詢，如果查不到，就要回覆使用者，查不到相關資訊。

04 STEP 要為這個 GPT 創建 Logo，請點選畫面中的「+」圖示。接著，您可以選擇上傳圖片或者使用系統生成 Logo。在這裡，我們將直接使用系統生成的選項，點選「使用 DALL-E」即可。如果您對生成的圖片不滿意，可以反覆點選，系統會自動重新產生新的圖片供您選擇。

05 STEP 在 GPT 的配置頁面中，向下滾動直到看到「知識庫」區域，點選「上傳檔案」按鈕。將之前所下載勞動基準法的 PDF 檔案上傳到知識庫中。同時將下方功能區塊中的三個選項全部勾選起來。

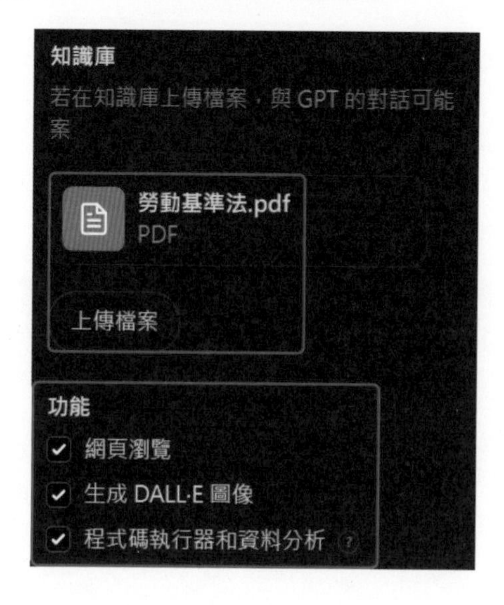

06 STEP 接著網頁往上拉到最上面，點選建立。

07 STEP 在左邊下方 輸入提詞 並傳送：請在首頁產生四個提示詞，用中文表示。

08 STEP 輸入提詞 請新增，並傳送。

09 STEP 右方的預覽可查看效果，最後點擊右上方的「建立」就完成了。

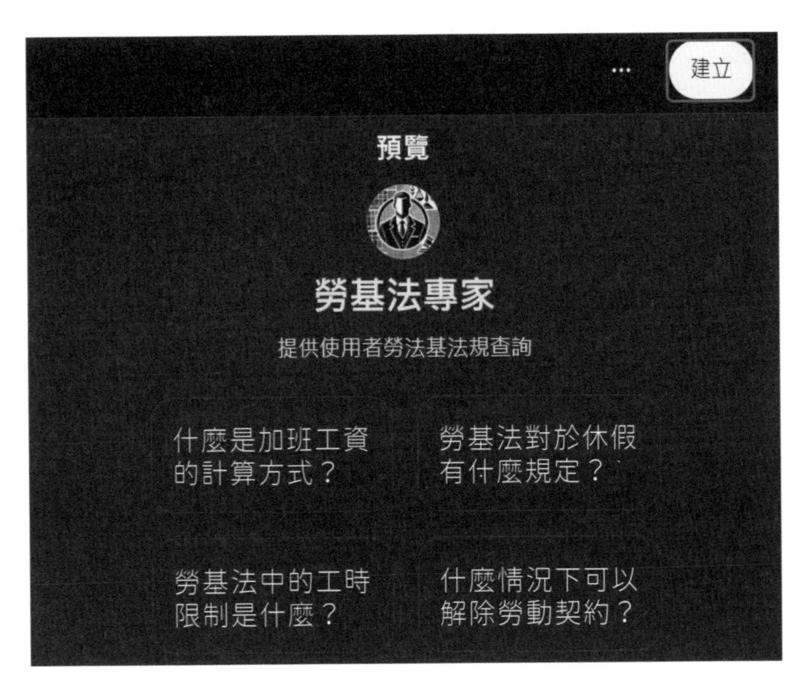

10 STEP 接著設定權限，我們先選「只有我」，最後按下「儲存」按鈕。過幾秒會顯示設定已儲存畫面，此時點擊檢視 GPT 按鈕就會跳轉到新建立的 GPT 視窗。

11 STEP 下圖展示了我們剛剛完成的 GPT 專案。圖片中可以看到我們特別新增的四個預設提示詞，這些提示詞可以讓使用者方便地點選進行查詢，無須自行輸入。此外，使用者還可以在下方的輸入框中自行提問，以獲得更為個性化的回覆。

12 STEP 我們牛刀小試一下，直接點選上圖預設的提示詞，最左邊的選項「什麼是加班工資的計算方式？」

根據《勞動基準法》第 24 條的規定，加班工資的計算方式如下：

1. **延長工作時間在兩小時以內者**：應按平日每小時工資額加給至少三分之一的工資。

2. **再延長工作時間在兩小時以內者**：應按平日每小時工資額加給至少三分之二的工資。

3. **依第三十二條第四項規定延長工作時間者**：應按平日每小時工資額加倍發給。

4. **在休息日工作**：

 - 工作時間在兩小時以內者，應按平日每小時工資額再加給至少一又三分之一的工資。

 - 兩小時後繼續工作的，應按平日每小時工資額再加給至少一又三分之二的工資。

以上是《勞動基準法》對於加班工資的詳細計算規定。

13 STEP 如果只是查詢一般的資料，這僅僅是基本功能。我們可以換個角度，提出更具深度的問題，例如請它進行彙總整理。這樣一來，不僅能獲得簡單的資料查詢結果，還能得到經過整理和分析的資訊，讓回答更具價值和實用性。**輸入提詞** **將勞動基準法中有關罰則的部分以表格方式呈現**。ChatGPT 回覆如下：

勞動基準法罰則

條文	罰則內容
第 75 條	違反第五條規定者，處五年以下有期徒刑、拘役或科或併科罰金臺幣七十五萬元以下
第 76 條	違反第六條規定者，處三年以下有期徒刑、拘役或科或併科罰金臺幣四十五萬元以下
第 77 條	違反第四十二條、第四十四條第二項、第四十五條第一項、第四十七條、第四十八條、第五十九條第三

14 STEP 最後，教你一個更實用的問法：你可以請 GPT 用一般人容易理解的語言，搭配範例來解釋某個名詞或概念。這種方式不僅能讓你更容易掌握複雜的主題，也能讓這些知識更貼近實際生活，方便應用。

輸入提詞 用一般人容易理解的話來說明勞基法中有關退休金的計算，並且給我範例。

範例說明：

假設有一位勞工，王先生，他在公司工作了 20 年，平均工資是每月新臺幣 5 萬元。

- **前 15 年**：每年 2 個月的退休金基數，15 年共計：15 年 × 2 個月 = 30 個月。
- **後 5 年**：每年 1 個月的退休金基數，5 年共計：5 年 × 1 個月 = 5 個月。

總計：王先生的退休金基數是 30 個月 + 5 個月 = 35 個月。

因此，王先生的退休金計算爲：

35 個月 × 5 萬元 = 175 萬元

王先生在退休時，將可以領取新臺幣 175 萬元的退休金。

8.8 結語

我們透過勞基法 GPT 的建置，完成了企業級知識庫的實際應用。旨在提供一個簡單、快捷且準確的方式來查詢與《勞動基準法》相關的法律資訊。透過這個工具，使用者可以輕鬆獲取法條解釋、常見問題的解答以及具體案例的應用，幫助勞工和雇主更好地理解並遵守相關法規，保障雙方的權益。本 GPT 專注於《勞動基準法》的核心內容，包括工資、工作時間、休息與假期、勞動契約、退休金、職業災害補償以及相關的法律責任與罰則，使得勞資雙方能夠在日常工作中更加合理合法地處理勞動事務。

同樣的操作也能適用於您手中的任何文件、知識文件或知識庫應用。利用這個工具和所學的方法，建議您將其帶回工作場所，幫助企業進行落地應用。透過生成式 AI 的應用，提升企業數位優化的深度，同時也將為您挑戰職涯的高峰，打下堅實的基礎。

運用 GPT 所帶來的效益

1. **高效查詢**：使用者可以迅速查詢《勞動基準法》的相關條文與解釋，無須翻閱大量文件，節省時間。

2. **精確理解**：提供簡單易懂的解釋與範例，使使用者能更好地理解複雜的法律條文，避免誤解與錯誤應用。

3. **提高合規性**：透過清晰的法規解釋與實例，幫助企業和勞工遵守法規，降低法律風險與爭議發生的機會。

4. **廣泛應用**：同樣的技術與操作可適用於各類文件、知識文件、或知識庫，幫助使用者在不同領域中進行訊息檢索與應用，提升整體工作效率。

5. **知識管理**：促進企業內部的知識管理，讓訊息可以更有條理、更系統化地被存取和利用，從而支援決策與日常運營。

6. **職業晉升助力**：運用 GPT 生成的知識與建議，能幫助使用者在專業領域中迅速提升自身能力，展示出更高的工作效率與專業素養，這不僅提高了個人在團隊中的價值，也增加了晉升的機會。透過掌握這些新技術，使用者能夠更好地應對職場挑戰，並在競爭激烈的環境中脫穎而出。

透過這些效益，勞基法 GPT 不僅顯著提升了法律訊息的獲取與應用效率，還為企業在各類知識管理及深化應用方面提供了一個強大的工具，使企業與個人能夠更靈活地管理和運用手中的資料，未來將引領更智慧的決策和創新應用。

ChatGPT 4 實戰應用：GPT-4o、GPTs、Customize GPT、Cursor AI、Chat AI、Chat BI 讓 AI 成為你的超級助手！

作　　者：張成龍
企劃編輯：江佳慧
文字編輯：王雅雯
設計裝幀：張寶莉
發 行 人：廖文良

發 行 所：碁峰資訊股份有限公司
地　　址：台北市南港區三重路 66 號 7 樓之 6
電　　話：(02)2788-2408
傳　　真：(02)8192-4433
網　　站：www.gotop.com.tw
書　　號：ACV047300
版　　次：2024 年 11 月初版
建議售價：NT$490

國家圖書館出版品預行編目資料

ChatGPT 4 實戰應用：GPT-4o、GPTs、Customize GPT、Cursor AI、Chat AI、Chat BI 讓 AI 成為你的超級助手！/ 張成龍著. -- 初版. -- 臺北市：碁峰資訊, 2024.11
面； 公分
ISBN 978-626-324-947-9(平裝)
1.CST：人工智慧　2.CST：機器學習
312.831　　113016318